AF493479

ORGANISATION

DU CRÉDIT AGRICOLE

EN FRANCE.

ORGANISATION

DU

CRÉDIT AGRICOLE

EN FRANCE.

Unique moyen de rendre l'agriculture florissante, les biens ruraux productifs et le commerce prospère.

MANIFESTE DE L'AGRICULTURE.

SA SITUATION, — SES BESOINS, — SES DROITS, — SES INTÉRÊTS, SES DEVOIRS ET SON BUT.

PAR BRETON,

CULTIVATEUR, DIRECTEUR DE L'ÉTABLISSEMENT AGRICOLE ET PASTORAL DE LA GITONIÈRE.

« La moitié de la France agricole dans le centre, l'ouest et le « midi, privée de capitaux et d'instruction spéciale, présente le « plus désolant tableau de la misère; d'immenses étendues ne « présentent à peu près rien à la consommation générale. *Nul* « *doute* que le produit agricole de ces pays ne puisse être *facile-* « *ment quintuplé*. Ce n'est pas l'insuffisance des bénéfices agricoles « qui empêche ou arrête les plus importantes améliorations de « l'agriculture, mais bien l'absence des capitaux, et l'impossibilité « de s'en procurer. »

ROYER, inspecteur général de l'agriculture, *Études sur le crédit agricole*, 1845.

« Ce n'est pas la nature qui borne le pouvoir productif de l'in- « dustrie; c'est l'ignorance et la paresse des producteurs, et la « mauvaise administration des États. »

J. B. SAY, *Traité d'économie politique*.

PARIS,

IMPRIMERIE ET LIBRAIRIE D'AGRICULTURE ET D'HORTICULTURE

DE Mme Ve BOUCHARD-HUZARD,

5, RUE DE L'ÉPERON.

1851

AUX CULTIVATEURS FRANÇAIS.

L'organisation du crédit agricole sera, pour l'agriculture française, l'heureux avénement d'une ère de prospérité, que nous appelons de tous nos vœux depuis longtemps.

Plusieurs projets, rejetés précédemment, ont laissé la carrière ouverte à tous ceux qui s'occupent des intérêts de notre grande industrie.

Dégagé des imperfections signalées par les hommes les plus compétents, le nouveau projet, livré à la publicité, après l'examen et les conseils de tous les amis de l'agriculture, s'améliorera avec leur concours et deviendra plus digne de son adoption par tout le monde agricole.

Nous sollicitons l'attention de tous les hommes éclairés, nous appelons leurs lumières, leur sollicitude et leur dévouement sur la plus importante de toutes les institutions réclamées par les besoins de notre époque.

Nous savons que de bien longues années peuvent s'écouler avant que les plus légitimes intérêts reçoivent satisfaction; mais jamais question plus grande ne réclama de solution plus facile et plus féconde en heureux résultats : il s'agit de l'agriculture, de cette véritable panacée; c'est donc de la fortune de la France que nous nous occupons, et, puisqu'on ne fait jamais un appel aux plus nobles inspirations philanthropiques sans exciter la sympathie de notre population, nous avons l'espérance d'être compris.

Cultivateur et souffrant de tous les maux que nous avons décrits, nous pouvons peut-être les signaler à l'attention publique avec plus d'exactitude que beaucoup d'autres n'appartenant pas à notre belle industrie, et indiquer mieux un remède efficace, afin de hâter l'invasion rapide de toutes les améliorations que nous ne pouvons aborder.

Entièrement étranger aux partis politiques, nous offrons un terrain neutre sur lequel doivent se rencontrer tous les hommes soucieux du bien public, leur appui doit nous être assuré; car l'agriculture, cette mère nourrice des peuples, est appelée à guérir tous les maux présents de la patrie et à prévenir toutes les souffrances qui pourraient naître dans l'avenir, si nous sommes assez heureux pour obtenir promptement la plus belle institution des temps modernes, l'organisation du crédit agricole.

Nous avons pour but l'intérêt général du pays; il faut que l'agriculture soit partout florissante, la propriété foncière productive et le commerce prospère : c'est par le crédit agricole, — jamais sans lui, — que nous pourrons y parvenir. Cette vérité sera bientôt comprise, nous l'espérons, chers confrères, parce que son évidence est trop frappante pour être plus longtemps méconnue.

Si nous échouons d'abord, l'opinion publique sera prévenue, des auxiliaires nous viendront en aide de toutes parts, la lumière pénétrera dans les esprits et parviendra, par les soins et les efforts de tous les cultivateurs et de leurs amis, à vaincre la résistance des préjugés et des erreurs d'un autre âge, qui causent toutes vos souffrances.

A bientôt donc l'organisation du crédit agricole; notre œuvre commence avec l'aide de la presse, cette autre machine électrique, qui jette de si vives étincelles en parcourant toutes les routes, pour frapper toutes les têtes, éclairer tous les esprits et embraser tous les cœurs; espérons donc, chers confrères, et ne perdons pas courage, car Dieu protége la France.

ORGANISATION

DU

CRÉDIT AGRICOLE

EN FRANCE,

OU

L'AGRICULTURE FLORISSANTE, LES BIENS RURAUX PRODUCTIFS ET LE COMMERCE PROSPÈRE.

MANIFESTE DE L'AGRICULTURE.

SA SITUATION, — SES BESOINS, — SES DROITS, — SES INTÉRÊTS, — SES DEVOIRS ET SON BUT.

CONSIDÉRATIONS PRELIMINAIRES.

La grande question de crédit agricole est parfaitement comprise par tous les cultivateurs, mais elle n'est pas entendue de la même manière par tout le monde, et cela se conçoit, parce que chacun partant d'un point différent mais non pas opposé, il n'y a pas, il ne peut y avoir de rapport direct. Il n'est donc pas surprenant que l'on ait confondu souvent et que l'on confonde encore, chaque jour, le crédit des cultivateurs, le véritable crédit agricole, avec le crédit des propriétaires, le crédit foncier. Il n'y a cependant aucune similitude entre eux, quoiqu'il y ait nécessairement quelques points de contact, mais sans rapport homogène; expliquons notre pensée et cherchons à déterminer clairement la nature des intérêts en présence, pour éviter toute équivoque.

Le crédit foncier existe, et il a existé aussitôt que la propriété foncière a été fixée d'une manière invariable par une longue possession et par des lois justes et équitables qui l'ont consacrée comme base de notre état social, comme principe de la civilisation chez tous les peuples policés. Dès lors la propriété foncière devint le gage matériel le plus convenable pour sûreté d'un prêt; le crédit foncier naquit, inspira une légitime confiance et fut réglementé par diverses lois dont la dernière, pour nous, est comprise dans notre code civil, sous le titre XVIII, traitant des priviléges et hypothèques.

On s'est plaint, avec quelque raison, des formalités prescrites par cette loi, et les propriétaires sollicitent depuis longtemps une amélioration du système méticuleux et onéreux auquel sont soumis les prêts hypothécaires. Ils ont basé leurs réclamations sur les systèmes de crédit mis en pratique à l'étranger, et notamment en Prusse et en Pologne, où les lettres de gage circulantes et portant intérêt, avec amortissement, ont produit des avantages considérables pour la grande propriété, seule nature de biens-fonds existant dans ces pays. Néanmoins, malgré les défectuosités de notre système français, le crédit foncier n'existe pas moins d'une manière large et amplement développée, et ses fonctions sont tellement actives, que plus de 11 milliards de francs grèvent la propriété foncière et que six cent mille inscriptions nouvelles viennent se joindre, chaque année, à celles qui les ont précédées. Il ne peut donc y avoir que des améliorations à demander à la législation, et c'est ce dont on s'occupe en ce moment.

Le crédit agricole est loin d'être en aussi bonne voie, quoique ses besoins soient les plus grands, les plus impérieux et les plus utiles, et que son organisation doive être la plus profitable à la société en général, aussi bien qu'à l'agriculture et à la propriété foncière elle-même en particulier. Sans les cultivateurs, les propriétés rurales seraient improductives et, par conséquent, sans utilité; sans produits de la culture des champs, la société serait en péril, l'alimentation générale ne pouvant être assurée que par le travail des cultivateurs : il importe donc, au plus haut degré, que les travailleurs agricoles soient mis en situation d'obtenir de leur labeur les produits indispensables à une juste rétribution et aux besoins généraux de la société. Tous les membres d'une nation quelconque sont donc intéressés individuellement à faire en sorte que son agriculture soit dans une situation prospère; cette vérité est triviale, tant elle est évidente, et cependant elle n'est pas encore parfaitement appréciée. C'est par ce motif que nous entrerons dans quelques développements sur cette matière.

Comment pourrait-on comprendre qu'une grande nation comme la nôtre, marchant à la tête de la civilisation du monde, au milieu du XIXe siècle, dût son alimentation générale à un personnel agricole composé de cinq millions de familles, dont quatorze cent mille sont dans l'aisance, mais dont les trois millions six cent mille autres sont privées de toute espèce de moyens, et peuvent à grand'peine obtenir, par un travail incessant, la plus chétive subsistance? Comment pourra-t-on croire que, jusqu'ici, ces cultivateurs, ces producteurs de l'alimentation générale soient restés entièrement livrés à eux-mêmes, sans soutien, sans appui, sans crédit ; que ces familles misérables, comprenant près de quinze millions d'individus et peut-être la moitié de la population française, travaillent, toute l'année, pour produire le pain nécessaire à la nation entière, avec un chétif capital de roulement de 5 francs par hectare en moyenne, tandis qu'il en faudrait au moins 40 pour imprimer à leurs efforts une direction assurée, progressive et lucrative; déficit considérable dans leurs moyens d'action, qui ne peut être suppléé que par des efforts multipliés dont une majeure partie est infructueuse et a pour conséquence inévitable la ruine de ces travailleurs, la gêne des propriétaires et la souffrance des intérêts agricoles d'une grande partie de la population, sans compter l'atonie du commerce intérieur, la nullité de ce grand marché national qu'entraîne ce déplorable état de choses, en même temps que la souffrance de tous les intérêts manufacturiers et l'affaiblissement de toutes ces grandes sources de la fortune publique?

Comment pourra-t-on croire que cinq ou six millions de propriétaires soient en possession d'un capital obtenu par le crédit foncier, s'élevant à la somme énorme de 11 milliards de francs; que le commerce et l'industrie manufacturière obtiennent, à l'aide du crédit commercial établi depuis moins de deux siècles, des sommes très-considérables, se comptant aussi par milliards, et que le pauvre crédit agricole, le premier qui aurait dû se constituer, soit encore à organiser pour venir en aide à ces producteurs du pain de chaque jour, si nécessaire, si indispensable à la masse des consommateurs?

Telle est, cependant, la situation exacte, réelle de la majeure partie de nos cultivateurs, sans aucune exagération. Il est donc du plus immense intérêt, pour le pays, de remédier à cette situation désastreuse de l'industrie agricole, et de pourvoir à ses pressants besoins; car la prospérité de la France en dépend, ce qu'on semble ignorer depuis Sully, qui disait avec tant de raison : Tout fleurit dans un pays où fleurit l'agriculture.

Le moment est arrivé de s'occuper de l'organisation du crédit agricole, pendant que le gouvernement cherche les moyens de remédier aux imperfections du crédit foncier; mais dans les hautes régions du pouvoir, comme parmi les personnes étrangères à l'industrie agricole, on paraît se méprendre sur la portée du crédit foncier en ce qui touche l'agriculture, et nous sommes d'autant plus fondé à nous exprimer ainsi, qu'un décret du président de la république ayant renvoyé à l'examen du conseil d'Etat un projet de loi sur les *banques de crédit foncier*, une enquête a été ouverte sur les besoins auxquels *les institutions de crédit agricole* sont appelées à pourvoir : ainsi c'est d'une banque de crédit foncier qu'il s'agit, et c'est sur les *besoins du crédit agricole* que doit rouler l'enquête. On voit, par cette seule citation, la confusion qui se produit, et on doit prévoir avec certitude qu'ici, encore une fois, les intérêts de l'agriculture seront méconnus devant les intérêts apparents de la propriété foncière, par le seul fait d'une erreur matérielle qui fait confondre les intérêts de l'une avec ceux de l'autre, quoiqu'il n'y ait rien de commun entre elles, et que toutes deux puissent parfaitement recevoir satisfaction, non-seulement sans se nuire aucunement, mais bien au contraire en y trouvant de plus grands avantages, qui même ne pourront jamais être obtenus sans ces deux moyens d'amélioration pour l'une et pour l'autre.

Dans cette enquête officielle, aucun agriculteur n'a été appelé; singulier moyen de procéder pour connaître leurs besoins et parfaitement significatif! Prenons acte, toutefois, de la déclaration officielle d'un haut fonctionnaire de l'administration supérieure, M. Mauny de Mornay, chef de division de l'agriculture au ministère de l'agriculture et du commerce. La commission d'enquête lui a demandé : Avez-vous eu l'occasion de constater la nécessité qu'il y aurait, dans l'intérêt de l'agriculture, à fonder en France des établissements de crédit foncier ? M. le chef de division a répondu en substance : Au point de vue agricole, la question est moins importante qu'elle ne le paraît d'abord, attendu que beaucoup de cultivateurs ne sont point propriétaires, et que les propriétaires n'empruntent pas pour améliorer leurs exploitations rurales, mais bien pour satisfaire des besoins étrangers à l'agriculture, ou tout simplement pour augmenter l'étendue de leurs propriétés.

Nous n'avons pas besoin de plus amples développements pour faire comprendre parfaitement la question ; M. Mauny de Mornay l'a parfaitement comprise; elle est donc actuellement bien posée. Nous sommes d'accord avec M. le chef de division de l'agriculture, et il n'en pouvait être autrement en semblable matière avec un homme aussi éclairé que consciencieux ; mais serons-nous d'accord aussi sur la nécessité d'une solution, au point de vue de l'agriculture, dont les souffrances sont les plus vives? Nous aurions voulu voir M. de Mornay plus explicite et profiter de l'occasion pour toucher du doigt cette plaie qui ronge une partie très-importante du corps social. Ces souffrances ne sont pas ignorées de l'administration supérieure, elle en est instruite officiellement par tous les rapports de ses inspecteurs généraux, et depuis longtemps l'un d'eux, M. Royer, s'occupant précisément de la question du crédit agricole (1), s'exprimait dans les termes que nous

(1) *Études sur le crédit agricole*, 1845.

avons rapportés en tête de ce travail et que nous avons adoptés pour épigraphe ; on ne saurait mieux expliquer la misérable situation d'une partie notable de notre agriculture, et signaler mieux la cause principale de toutes ses souffrances.

Nous nous demandons comment il peut se faire que le gouvernement, si parfaitement renseigné sur tant de maux qui affectent si gravement la principale source de la fortune publique, et dont les suites déplorables réagissent sur toutes les autres branches des produits nationaux, reste impassible au milieu des plaintes d'une population de quinze millions d'individus ; comment il est possible que, parmi nos hommes d'État, aucun n'ait songé, jusqu'ici, à aborder les moyens principaux reconnus les plus efficaces pour l'amélioration générale du sort de nos travailleurs agricoles et celle de la production rurale tout entière. Nous avons bien lu les plus beaux éloges de l'agriculture et de sa population laborieuse et tranquille dans l'excellent discours prononcé par M. le ministre de l'agriculture à la dernière séance solennelle de la Société centrale d'agriculture; nous y avons vu tout ce que nous n'avons cessé de voir depuis de longues années, et, quoique nous soyons persuadé de tout l'intérêt que M. le ministre porte à l'agriculture, nous voudrions des faits à l'appui ; car, pour nous, homme des champs, c'est le seul moyen de nous prouver de bonnes intentions, parce qu'un ministre, et surtout un ministre de l'agriculture, a toujours en France le pouvoir de les réaliser. La réforme hypothécaire et les banques foncières, fort utiles d'ailleurs, ont très-peu de rapports avec l'agriculture; M. le ministre ne peut l'ignorer. Nous venons de citer, à ce sujet, l'opinion de son chef de division, et elle est de la plus exacte vérité. Il est bien qu'on encourage les travaux d'irrigation et ceux de drainage; mais ces travaux ne concernent actuellement que la plus minime portion des grands intérêts agricoles : ce n'est pas pour le pauvre métayer privé du capital de roulement pour les plus urgents besoins de son exploitation; ce n'est pas à toutes nos belles provinces soumises au métayage, et pour la grande majorité des autres cultivateurs, qu'ils pourront être utiles, que ces travaux peuvent être appliqués, et des siècles peuvent bien s'écouler encore avant qu'ils soient en mesure d'en profiter. Ce qu'il faut à nos travailleurs et à ces belles provinces jusqu'ici improductives, ce sont des capitaux pour doubler le travail et le rendre lucratif, afin de remplacer la misère par le bien-être et les chétifs produits par des récoltes abondantes. Pour y parvenir, il ne faut que le vouloir, et ce serait pour M. le ministre de l'agriculture la plus belle page de l'histoire de son administration, s'il voulait entrer sérieusement dans cette belle voie ouverte devant lui; car il serait bien certain d'y être suivi par toute notre population rurale de vingt six millions d'individus aussi bien que par tous nos propriétaires, puisqu'ils en recueilleraient aussi les plus grands avantages en voyant augmenter considérablement leurs revenus, ce que ne feront jamais toutes les réformes hypothécaires et toutes les banques foncières

Pour atteindre un aussi grand résultat, il faut organiser le crédit agricole, seul moyen de pourvoir l'agriculture des capitaux qui lui sont indispensables; car les capitaux ne manquent pas en France, ils suivent toujours la route qu'on leur a tracée. Le crédit foncier a été organisé, et, malgré de mauvaises lois hypothécaires qu'on veut réformer, 11 milliards sont venus l'alimenter; le crédit commercial a été organisé, et avec des feuilles de papier et des billets de banque des milliards ont circulé et ont donné la vie à l'industrie et au commerce. Il faut donc organiser le crédit agricole pour assurer la prospérité de notre agriculture, qui depuis si longtemps attend son tour.

Les capitaux ne manquent pas en France, disons-nous, et jamais le gouvernement n'en a manqué toutes les fois qu'il a voulu en faire l'application à de grandes entreprises. Ne dispose-t-il pas, chaque année, de plus de 1,500,000,000 de francs dont il serait facile de distraire 30 ou 40 millions à titre de prêt seulement, s'il était nécessaire, pour former une partie de la dotation du crédit agricole qui le rendrait au centuple? On n'a pas été embarrassé pour trouver 1 milliard, en 1825, pour consolider la propriété territoriale; on ne l'a pas été, en 1840, pour engloutir plus de 400 millions dans les inutiles fortifications de Paris; pour employer plus de 1,200,000,000 de francs dans les chemins de fer non achevés; pour prêter 30 millions, en 1830, à la librairie (industrie particulière, utile à la nourriture de l'esprit, mais infiniment moins utile à la nourriture du corps que notre agriculture); et on a bien su trouver 70 millions, en 1848, pour former la dotation des comptoirs d'escompte. Nous savons qu'on avait accolé le nom de l'agriculture à cette excellente institution toute commerciale, et exclusivement commerciale; mais nous savons aussi que la faculté d'en user était de la plus complète inutilité; ce n'était qu'une phrase sonore, motivée par la circonstance, dont l'agriculture fait éternellement les frais. Il en sera de même de la réforme hypothécaire et des banques foncières, et nos hommes d'État ne comprendraient pas mieux la situation de notre grand art agricole; ils ignoreraient les moyens de remédier à ses souffrances! Qu'ils consultent donc les malades eux-mêmes pour connaître leurs maux aussi bien que leurs causes. Ils apprendraient que, dans une grande partie de nos provinces, les fermiers, hors d'état de remplir leurs obligations, voient, chaque jour, consommer leur ruine entière, et sont forcés d'abandonner leurs exploitations; que les propriétaires éprouvent des pertes considérables, et que beaucoup d'entre eux seront obligés de faire valoir et cultiver leurs terres; que, dans nos foires, le bétail encombre toutes les places; que, dans nos marchés, les grains sont entassés, et que les uns et les autres, à des prix avilis, ne trouvent même pas tous les acheteurs que des besoins pressants forcent à désirer : partout l'offre de la marchandise dépasse considérablement la demande, et le producteur voit le consommateur disparaître devant la production, faute de moyens pécuniaires pour satisfaire les besoins qui existaient naguère. L'argent manque donc généralement, la circulation est arrêtée et cause la détresse générale de nos campagnes. Et, en présence de cette grande calamité publique au milieu de l'abondance, il n'y aurait rien à faire, sinon de réformer quelques formalités du crédit foncier pour faciliter l'addition de quelques millions aux 11 milliards qui déjà grèvent la propriété immobilière sans apporter le moindre soulagement à l'agriculture au milieu de tant de désastres, mais en facilitant la réunion de quelques propriétés à celles existantes! Triste époque où l'égoïsme se retranche partout dans son cercle d'airain, et où beaucoup de propriétaires, habitués au séjour des villes, fuient les champs et ne sont pas à portée de connaître exactement leurs besoins et leurs améliorations. C'est l'absence générale d'instruction spéciale qui cause tous les maux de l'agriculture; car jusqu'ici notre grande industrie, à part les bonnes intentions exprimées dans tous les discours de circonstance, a peu préoccupé nos administrateurs, et cependant il ne faudrait songer qu'à ses besoins et ses améliorations pour travailler très-activement dans l'intérêt de toutes les autres. Mais la question de l'amélioration de notre agriculture est tellement grave, qu'il n'est pas possible de reculer devant sa solution : les souffrances des cultivateurs sont notoires, M. le ministre de l'agriculture le reconnaît lui-même; la production médiocre de la moitié de nos provinces est incontestable, et il est démontré que l'absence de capitaux indispensables est la principale cause de tous ces maux. Le gouvernement connaît cette situation désastreuse; il peut, par l'organisation du crédit agricole, assurer le nécessaire à tous, créer l'aisance du plus grand nombre, et consolider à jamais la fortune publique. Nous nous demandons pourquoi il ne le fait pas.

Nous avons écrit ces lignes sous la pénible impression que nous cause cet abandon général de notre agriculture, de cette reine de toutes nos industries, au milieu de tant d'opinions en présence qui absorbent toutes les attentions, sans qu'il reste un moment pour s'occuper d'un remède héroïque et souverain contre le malaise qui pèse tellement sur les destinées du pays, qu'il peut s'ensuivre un immense danger pour les plus grands intérêts de la société. Ce grave motif nous impose le devoir de publier un projet d'organisation du crédit agricole en France, afin d'appeler l'attention publique sur une question si vitale pour tous nos intérêts dans les circonstances actuelles (1).

(1) Chargé, par une commission spéciale du congrès central d'agriculture, dans sa session de 1847, de traiter la question du crédit agricole en qualité de rapporteur, notre rapport est inséré dans le compte rendu des travaux de la session de 1848. — Dans la session de 1847 du congrès scientifique de France, cette même question, portée à la section

§ I. — *Bases fondamentales et rationnelles de l'agriculture.*

Dans son état normal, l'agriculture doit assurer une production élevée dépassant les besoins de l'alimentation générale de la population, un salaire lucratif à ses travailleurs, et l'aisance du propriétaire et du cultivateur; mais, pour atteindre ce but multiple, elle exige la réunion de quatre éléments indispensables à son succès, savoir le *sol*, le *travail*, le *capital* et l'*instruction spéciale.*

Toutes les nations possèdent le *sol :* chez les sauvages, il est généralement sans culture et sans autres produits que ceux donnés spontanément par la bienfaisante nature à tous ses enfants; l'agriculture n'existe donc pas chez les nations sauvages.

Dans l'enfance des sociétés, la production végétale spontanée est utilisée par la nourriture des troupeaux; l'agriculture pastorale suffit aux besoins limités d'un peuple nouveau. Le *sol et le capital* sont ici réunis en partie; mais, aussitôt que les besoins augmentent par l'accroissement de la population, le travail parvient à défricher le sol et à lui demander une production nécessaire à l'alimentation générale : alors trois des conditions d'existence de l'agri-

d'agriculture, sur notre rapport et en qualité de secrétaire de la section, a été insérée dans le compte rendu de ses travaux, et a provoqué le vœu suivant : que M. le ministre de l'agriculture veuille bien s'occuper, dans le plus court délai, de présenter un projet de loi pour l'établissement des banques agricoles, dont le besoin se fait vivement sentir. — La marche rapide des événements ayant exigé de nouvelles études et des modifications, il en est résulté un nouveau projet, qui a été adressé en manuscrit 1° à M. le président de la république; 2° à plusieurs membres de l'assemblée nationale, en mars 1850; 3° à plusieurs sociétés et comices agricoles, en mars et octobre 1850.

culture sont réunies imparfaitement; des produits sont obtenus, mais d'une manière incomplète et infructueuse.

Chez les nations plus avancées, où la puissance de la civilisation développe les facultés de l'intelligence et inspire celles du génie, le sol, couvert de troupeaux, cultivé par un travail raisonné, donne de riches et abondants produits, avec l'aide des capitaux nécessaires à la rétribution des bras employés et des connaissances agricoles puisées dans l'étude approfondie et raisonnée des faits.

Mais sommes-nous en possession de toutes les conditions nécessaires pour porter notre agriculture nationale à cet état normal qui assure sa prospérité; notre pays peut-il offrir la réunion des quatre conditions, des quatre bases indispensables à une agriculture raisonnée et, par conséquent, productive? c'est ce que nous allons examiner.

I. Nous possédons largement le premier élément indispensable, *le sol;* nos 50 millions d'hectares sont heureusement situés et offrent le plus vaste champ au travail et à l'intelligence de nos habitants; la partie inculte de ces terres, dépassant 8 millions d'hectares, présente un aliment suffisant à l'activité de nos travailleurs : aucune nation ne peut nous disputer las avantages attachés à notre situation géographique, notre climat tempéré, nos terres fertiles et variées, et nos productions en tous genres! Si nous savions exploiter ces richesses naturelles, nous pourrions revendiquer à bon droit le premier rang parmi les peuples les plus favorisés du ciel.

II. *Le travail*, cette base essentielle de la production sans laquelle l'espèce humaine est impuissante à satisfaire les besoins auxquels elle est soumise et même à subsister, est encore réparti sur une large échelle à la surface entière du territoire national; nos cinq millions de familles de cultivateurs peuvent suffire à l'exploitation la plus active de notre sol, au défrichement de nos terres incultes et à une production infiniment supérieure à celle que nous obtenons.

III. *Le capital*, cette troisième condition nécessaire à la production agricole, n'est pas arrivé chez nous à la portée de nos cultivateurs; bien au contraire, il s'est éloigné d'eux et ne satisfait aucunement aux besoins de notre agriculture. Ce n'est pas que notre pays soit privé de numéraire, nous possédons une grande richesse monétaire; nos 4,980,000,000 de francs en espèces sont plus que suffisants pour toutes les transactions commerciales, industrielles, agricoles, en général, de même que pour tous les besoins publics et particuliers. Cependant le capital indispensable à l'industrie agricole lui fait défaut et oppose le plus grand obstacle à l'amélioration générale de nos cultures et aux progrès de l'art. C'est par des institutions de crédit, des banques agricoles, qu'il peut être possible de porter un remède efficace aux souffrances de nos cultivateurs; c'est un devoir pour le gouvernement de venir au secours de la production dans l'intérêt public. Nous développerons plus amplement les détails relatifs à cette base essentielle de l'art agricole, et nous présenterons un projet d'organisation destiné à combler cette lacune, dans les moyens d'assurer la prospérité publique.

IV. *L'instruction agricole*, cette quatrième condition indispensable à l'art de cultiver la terre, manque, en général, à beaucoup de nos cultivateurs, et c'est une des causes principales de l'infériorité de notre production; car, sans instruction, la routine règne en souveraine et le progrès est banni à perpétuité de ses domaines.

N'est-il pas fatalement déplorable que la grande masse

de nos travailleurs agricoles soit privée des capitaux nécessaires, et un certain nombre d'entre eux de l'instruction indispensable, des lumières raisonnées les plus utiles, pour sortir rapidement de cet état d'infériorité qui nous humilie devant l'étranger, qui nous ruine en face de la prospérité de nos voisins? Ces réflexions sont tristes; elles navrent de douleur tout homme fier d'appartenir à cette belle France, dans le cœur duquel il se trouve un peu de ce vieil amour national qui distinguait nos pères.

Notre organisation politique et sociale, reposant sur la plus forte centralisation de toutes les forces du pays, entre les mains du gouvernement, lui seul peut donner une grande impulsion à notre agriculture, en faisant répandre parmi la jeunesse de toutes les classes une instruction spéciale, utile à ceux qui se destinent à cette profession, comme à ceux qui peuvent être appelés un jour à améliorer leurs propriétés ou à faire partie de l'administration du pays, et en favorisant, par tous les moyens, l'organisation du crédit agricole, à l'aide duquel les capitaux nécessaires pourront affluer vers cette source de toute production et de toute prospérité.

§ II. — *Situation de l'agriculture française.*

Notre agriculture, riche et florissante sur quelques points, pauvre et languissante sur un plus grand nombre d'autres, ne suffit pas toujours aux besoins d'une population s'accroissant chaque jour, parce que cette grande industrie se trouve entre les mains de cultivateurs qui ne sont pas placés dans les mêmes situations, pour la faire marcher rapidement dans la voie du progrès, qui mène aux grandes améliorations générales.

Il a été constaté officiellement que la production annuelle des bonnes récoltes suffisait à l'alimentation générale de notre population dans son état actuel, et que, dans les années de grande abondance, l'exportation des céréales n'avait jamais dépassé 3 millions d'hectolitres de grains, tandis que chaque année ordinaire amène un déficit, tellement que, dans le cours des vingt-six années qui ont précédé 1847, l'importation des grains étrangers a été de 21 millions d'hectolitres, et l'importation des bestiaux, pendant les quatorze années précédentes seulement, nous a coûté 114 millions de francs; il ne doit donc rester aucun doute sur la nécessité de remédier à un tel état de choses, en présence de l'introduction, en France, dans le cours des années 1846-1847, de plus de 16 millions d'hectolitres de grains étrangers, pour une valeur d'environ 300,000,000 de francs.

On a cependant évalué à 1 million d'hectolitres de grains seulement le déficit occasionné par la médiocre récolte de 1846, et attribué à l'agiotage du commerce l'importation considérable que nous venons de signaler; cette cause fût-elle exacte, son origine serait de nature à donner les plus sérieuses inquiétudes sur le renouvellement possible d'une telle calamité, puisqu'elle serait à la discrétion d'une aussi honteuse et coupable spéculation.

Ces déficit annuels ne sont-ils pas des avertissements providentiels qu'une récolte médiocre ou mauvaise pourrait compromettre la tranquillité publique, la prospérité et l'avenir du pays?

Qu'a-t-on fait, jusqu'ici, pour prévenir le retour de tous les malheurs qu'une telle calamité pourrait faire subir au pays? rien.

N'est-il pas indispensable de chercher à sortir à tout

prix de cette position ruineuse, précaire, dangereuse, intolérable, en employant les plus prompts et les meilleurs moyens d'arriver à ce but?

D'un autre côté, nous avons vu que la révolution de février a suffi pour jeter sur le pavé de Paris cent vingt mille ouvriers sans travail et sans pain; toutes les villes de province ont éprouvé le même désastre.

La population urbaine est donc surchargée d'ouvriers de tous états en nombre excédant les besoins de toutes les industries, pendant qu'une certaine rareté de bras existe souvent dans plusieurs provinces pour les travaux des champs.

Qu'a-t-on fait pour remédier à cette désastreuse situation, qui peut, à chaque instant, ramener des maux plus grands? rien encore.

N'est-il pas urgent de chercher à rétablir l'équilibre en employant aux travaux ruraux les bras surabondants dans les villes, s'il est possible de les utiliser, pour obtenir une production supérieure à celle fournie annuellement par notre agriculture, puisqu'elle est impuissante, en ce moment, à suffire à tous les besoins de l'alimentation générale en toutes circonstances? C'est une nécessité de la dernière évidence, prouvée surabondamment par tout ce qui s'est passé sous nos yeux depuis plusieurs années et par une importation annuelle de produits étrangers, pour une valeur dépassant 250 millions de francs, en moyenne, que notre agriculture pourrait cependant produire en grains, viande, chanvre, lin, huile, laine et soie, suivant les détails fournis par l'administration des douanes pour l'année 1844, prise pour moyenne, savoir :

1° Le bétail importé s'est élevé à	30,320 bœufs et vaches, 157,644 moutons et agneaux, 163,867 autre bétail,	d'une valeur de	9,700,000
	L'exportation du bétail a été de.		3,100,000
	L'excédant de l'importation du bétail est donc de		6,600,000
2° L'importation des grains étrangers s'est élevée à.	2,674,961 hectol.		
et 6,069 quintaux métriques de farine d'une valeur totale de.	50,800,000 fr.		
L'exportation n'a été que de 252,793 hectol. de grains, et 144,861 quintaux métriques de farine ; valeur ensemble.	6,700,000		
Le déficit de notre production en grains a donc été de.	44,100,000	—	44,100,000
3° L'importation en fils de chanvre, lin a été d'une valeur de.			32,000,000
— en graines oléagineuses.			39,200,000
— en huile d'olive.			22,700,000
— en laines, en masses.			48,800,000
— en soies.			61,100,000
Formant un total, en valeurs agricoles importées en 1844, de.			254,500,000

Chez presque tous nos voisins, nous trouvons une production supérieure à la nôtre, et, pour ne citer que l'Angleterre, sa superficie cultivable de 15 millions d'hectares produit 56 millions d'hectolitres de grains, au moyen d'une population agricole de cinq millions trois cent mille individus; tandis que notre sol de 50 millions d'hectares ne produit que 150 millions d'hectolitres de grains, à l'aide de bras de cinq millions de familles agricoles.

La différence est encore plus considérable, si nous portons notre investigation sur la production annuelle des animaux, qui est,

En Angleterre, en chevaux, de	170,000,	et, en France, de		48,000.
—	en bœufs, de	1,250,000	—	de 800,000.
—	en moutons, de	10,000,000	—	de 5,200,000.

Il résulte de ce rapprochement que, pour obtenir sur notre sol une même production animale, il faudrait treize fois plus de chevaux, cinq fois plus de bœufs et six fois plus de moutons ; et cependant, en Angleterre, il n'y a qu'un travailleur pour 2 hectares 45 ares de terre, et en France un travailleur pour 1 hectare 80 ares. Et il ne faut pas croire que le sol anglais soit d'une qualité supérieure au nôtre, car il est à peu près de même nature, et il n'y a pas un siècle que les produits agricoles de l'Angleterre étaient entièrement semblables aux nôtres et placés dans les mêmes conditions, sous un climat peut être moins favorable. Mais, chez nos voisins d'outre-Manche, les cultivateurs possèdent, en général, de grands capitaux, et une instruction spéciale nécessaire pour en diriger l'emploi au grand avantage du pays et de leurs propres intérêts; ils réunissent toutes les conditions qui permettent d'obtenir de l'agriculture les plus hauts produits possibles, et on peut dire qu'en général ils réalisent des bénéfices assez considérables.

Notre territoire est mis en culture, avons-nous dit, par cinq millions de familles, les unes propriétaires du sol qu'elles font valoir, les autres exploitant le sol d'autrui ; cette population se distribue ainsi :

800,000 familles de propriétaires cultivant des domaines d'une certaine étendue ;

800,000 *à reporter.*

800,000, *report.*

	600,000	familles dirigeant des exploitations plus ou moins considérables ;
	1,400,000	familles ; ces deux classes généralement aisées et quelquefois riches.
3,600,000	1,500,000	familles de métayers ou colons partiaires cultivant à moitié fruits une terre souvent ingrate, avec un capital insuffisant ;
	1,600,000 à 1,800,000	familles de paysans, propriétaires misérables qui mourraient de faim sans le petit coin de terre dont ils tirent à grand'peine une partie de leur subsistance, et travaillent à la journée pour autrui ;
	500,000	familles de journaliers, sans autres ressources que leurs salaires ou leurs gages.
5,000,000		de familles représentant environ vingt millions d'individus.

Nos cultures sont ainsi réparties, sous le rapport du mode d'exploitation et de la superficie,

Par des fermiers à rentes fixes.		8,470,000 hectares.
Par des métayers à moitié fruits.		14,530,000
Par l'économie des propriétaires :		
1° Par les petits propriétaires payant au-dessous de 25 fr. d'impôt. . . .	9,752,000	20,000,000
2° Par les propriétaires payant de 25 à 100 fr. d'impôt. . .	10,248,000	
TOTAL de la superficie du sol cultivé.		43,000,000 hect. (1).

En voyant notre production générale agricole insuffisante pour satisfaire à tous les besoins de notre consommation intérieure, nous sommes amenés nécessairement à nous demander pourquoi notre population agricole, si nombreuse et si active, est impuissante à créer tous les produits qui nous sont nécessaires ? Manque-t-elle de

(1) Lullin de Châteauvieux, *Voyages agronomiques.*

force et d'intelligence ; la superficie de notre sol est-elle suffisante ?

Nous venons de voir que l'étendue de notre territoire national est plus que suffisante, puisque nos voisins obtiennent une production supérieure sur un sol relativement moins étendu, dont la qualité naturelle n'est pas différente de celle du nôtre, puisque la production, à moins d'un siècle en arrière, n'était pas supérieure à la nôtre à cette époque ; mais ils ont marché plus rapidement que nous dans la voie des améliorations pour toutes les branches de l'agriculture.

Quant aux forces et à l'intelligence de notre belle population agricole, elles suffiraient pour obtenir une production bien supérieure à celle que nous avons indiquée ; nous trouvons l'appréciation de ce qu'elle pourrait faire dans la comparaison de ce qu'elle fait à l'aide de moyens insuffisants. Ainsi notre production annuelle donne les résultats suivants :

Revenu brut annuel des cultures.	5,092,116,220 fr.
— des pâturages.	645,794,907
— des bois, forêts, pépinières et vergers.	283,258,335
	6,021,169,462 fr.
Revenu brut des animaux domestiques.	767,251,000 fr.
— des animaux abattus.	698,484,000
— des abeilles.	15,000,000
	1,470,735,000 fr.
Total général annuel de la production agricole.	7,491,904,462 (1).

(1) M. Moreau de Jonnès, directeur du bureau de statistique au ministère du commerce et de l'agriculture, *Examen des richesses de la France en* 1840.

Ainsi, une population de travailleurs, qui obtient de la culture de notre sol 7,500,000,000 de francs, a évidemment le pouvoir et le savoir nécessaires pour produire annuellement quelques centaines de millions de plus ; ces chiffres ont une éloquence si expressive, que toutes les phrases possibles ne pourraient qu'en affaiblir la valeur.

En opérant moins chèrement pour obtenir des produits plus abondants, la question serait complétement résolue. Pourquoi ne le fait-elle pas? Parce qu'elle n'a pas à sa disposition un capital d'exploitation suffisant; parce qu'elle épuise vainement ses forces, son activité, ses sueurs et jusqu'à sa santé dans un travail pénible et trop souvent infructueux en partie, faute de moyens pécuniaires indispensables à toute industrie.

Nous verrons, dans une des sections suivantes, quels sont les besoins de notre agriculture, et combien la nécessité du crédit agricole est évidente et incontestable.

§ III. — *Des droits de l'agriculture au crédit.*

L'agriculture française, quoique fort en arrière sous un grand nombre de points du territoire, donne cependant des produits annuels d'une valeur supérieure à tous les produits pris ensemble de toutes les industries manufacturières. On n'accorde cependant aucun crédit à l'agriculture, quoiqu'il n'en soit pas de même en industrie; le commerçant jouit d'un crédit moral ou de confiance, quoiqu'il n'ait pour toute garantie qu'un fonds de commerce d'une valeur idéale et sa bonne foi (fonds et bonne foi très-souvent illusoires, aussi bien que la capacité commerciale), et le cultivateur qui possède aussi un fonds d'industrie agricole d'une valeur supérieure sous beaucoup de rapports, tout aussi recommandable par sa bonne foi et beaucoup plus par sa sobriété et son économie, le cultivateur ne trouve aucun crédit, aucun appui près du capitaliste. Il y a cependant une différence immense entre l'industrie agricole et l'industrie commerciale, tout en faveur de la première ; c'est le travail effectif et producteur de celle-ci, c'est la nature de ce travail destiné à pourvoir à l'alimentation de l'homme, à satisfaire le premier, le plus grand, le plus impérieux de ses besoins. Cependant aucun crédit ne lui est accordé comme à la dernière, quoique le travail agricole soit le plus puissant des capitaux, puisqu'il est effectivement une avance faite par l'homme à la nature avant qu'elle le paye; le travail agricole est donc un fonds éminemment productif qui a droit au crédit (1).

L'organisation du crédit agricole serait bien la plus utile et la plus avantageuse de toutes les institutions du pays en général, car faire des avances aux producteurs pour assurer et augmenter la production, c'est bien agir dans les intérêts directs et positifs des consommateurs, et, comme toute nation se compose de membres consommateurs obligés des produits agricoles, ce crédit spécial est bien un besoin général qui intéresse la société entière; c'est donc un devoir, pour le gouvernement comme pour la société elle-même, de prendre les plus promptes et les meilleures mesures pour le satisfaire.

§ IV. — *Nécessité du crédit pour l'agriculture.*

Aucun doute ne peut exister dans les esprits sur l'étendue des souffrances de l'agriculture et sur sa principale

(1) *De la circulation*, par le comte Ciezkowski.

cause, le défaut de capital d'exploitation; c'est un fait notoire, incontestable, et il est certain qu'une grande amélioration est possible et facile avec des capitaux suffisants. M. Royer, inspecteur général de l'agriculture et observateur judicieux, éclairé et très-compétent, dont nous avons cité l'opinion en tête de ce travail, n'a fait que rapporter fidèlement ce qu'il a vu partout dans les provinces indiquées; rien de plus exact, rien de plus vrai que cette appréciation de notre situation agricole sur une grande moitié du territoire national.

On ne se fait pas généralement, en France, une idée exacte du capital d'exploitation nécessaire à toute entreprise agricole; c'est une cause d'erreurs nombreuses et fatales qui entraînent les plus déplorables conséquences, puisqu'elles trompent les propriétaires sur leurs propres intérêts et compromettent l'exploitation de tout fermier ou métayer. En Angleterre, le capital d'exploitation, d'après sir John Sinclair, est de 3, 6 ou 900 fr. par hectare, suivant le système de culture adopté; en Flandre, en Belgique, d'après Schwerz, Albroeck, Cordier, il est de 500 fr. et au delà; suivant Mathieu de Dombasle, il doit être de 300 fr. par hectare pour une ferme de 200 hectares, et de 400 fr. pour celles de 100 hectares; suivant M. Moll, il est, en Normandie, de 3 à 400 fr.; en Beauce, suivant M. de Morogues, il est de 500 fr. pour les fermes, avec assolement quadriennal, et de 250 fr. pour celles soumises à celui dit triennal; en Brie, suivant M. de Gasparin, il est au moins de 120 fr. par hectare. Il n'est question, ici, que d'exploitations en pleine culture, et, s'il s'agissait de travaux spéciaux et d'améliorations foncières, il faudrait y ajouter le montant des frais nécessaires pour les opérer, puisque ces évaluations ne contiennent que les deux parties formant exclusivement le capital d'exploitation : 1° le capital engagé ou d'inventaire, concernant les animaux de trait et de rente, le mobilier aratoire et de ferme ; 2° le capital circulant ou de roulement, renfermant la valeur des semences, engrais, aliments pour les hommes et les animaux, frais de main-d'œuvre, dépenses personnelles de l'exploitant, fermages, assurances, charges, réparations, entretien de tous les services et dépenses imprévues : capital de roulement que Thaër appelle, avec tant de raison, la force motrice de toute entreprise agricole.

C'est à l'aide de ce capital que le mouvement et la vie sont donnés à l'exploitation pour créer des produits par le travail, afin d'assurer les revenus nécessaires aux services qui concourent à la production, savoir : 1° celui du fonds de terre revenant au propriétaire ; 2° celui du capital employé à l'exploitation ; 3° et enfin celui de l'industrie dû à l'entrepreneur ou fermier, pour rémunération de son travail et de l'emploi de ses facultés individuelles.

On concevra facilement qu'un capital d'exploitation est indispensable pour entreprendre la culture d'un bien-fonds, puisque tous les frais doivent être déboursés antérieurement à la première récolte dont les produits doivent faire retrouver à l'entrepreneur toutes ses dépenses, et un bénéfice relatif pour recommencer le même travail ; ainsi toute exploitation qui sera privée d'un capital de roulement suffisant sera placée dans une position qui compromettra sa marche à chaque instant, diminuera ou empêchera même ses bénéfices, pourra entraîner des pertes et finir par sa ruine.

Suivant les calculs de M. Lullin de Châteauvieux, agronome distingué et publiciste éclairé et judicieux, le cheptel fourni aux colons partiaires ou métayers, suivant l'usage de plusieurs de nos provinces, peut être évalué, en moyenne, à 65 fr. par hectare, et le capital de roulement nécessaire à ces exploitants, à la somme de 42 fr. par hectare, en moyenne; sur cette dernière somme indispensable, environ 5 fr. par hectare peuvent être à la disposition des métayers, et le crédit leur fournit une autre somme à peu près semblable, en moyenne, par hectare; ce qui laisse du déficit d'environ 30 fr. par hectare. On peut juger, par là, de l'importance de ce capital et de toutes les conséquences qui résultent du défaut de ce puissant moyen d'action; capital s'élevant à la somme de 440,000,000 de francs, au minimum, pour les 14 millions 1/2 d'hectares de terre soumis au métayage : ce qui explique suffisamment la misère proverbiale de ces cultivateurs et le défaut de production de ces provinces.

Les souffrances occasionnées par le défaut de capital d'exploitation ne sont pas bornées à ces contrées; il en est de même sur beaucoup d'autres points du territoire, et jusque dans les pays de grande et bonne culture. Les cultivateurs, qui n'ont pas tous une grande aisance, éprouvent souvent le besoin de compléter un capital de roulement dans des circonstances fortuites et pressantes, soit pour remplacer des animaux de trait ou de rente perdus par suite d'accidents ou de maladies, soit pour augmenter le nombre des bestiaux de leurs exploitations, soit pour faire face à des fléaux qui viennent ruiner les espérances et les travaux de l'année, tels que la grêle, la gelée, les inondations, les incendies, soit enfin pour entreprendre une amélioration quelconque.

Ce défaut général de capital d'exploitation suffisant produit encore de bien déplorables résultats, principalement dans les provinces les mieux cultivées et les plus riches ; il force les cultivateurs à recourir à des emprunts onéreux, et souvent leur ruine est amenée par le fléau de l'usure, qui devient pour eux plus redoutable que ceux produits par les intempéries de l'air. Néanmoins nous sommes loin de partager l'opinion des hommes honorables qui pensent venir en aide à ces malheureux cultivateurs en punissant plus sévèrement le délit d'usure ; car il ne faut pas perdre de vue la position de ces exploitants, qui n'en deviendrait pas meilleure, puisqu'ils ne recourent à un emprunt ruineux que par suite des besoins impérieux qu'ils éprouvent. L'usure produit trop souvent de grands maux, mais souvent aussi le capital obtenu par un emprunt peut sauver de la ruine une exploitation. En sévissant contre l'usure on prendrait l'effet pour la cause, et pour attaquer la cause même, seule et véritable source de l'usure, c'est le capital d'exploitation en déficit qu'il faut considérer, et aviser aux moyens de le fournir, au moins en partie, aux producteurs de la subsistance publique ; c'est le seul, l'unique moyen de réprimer et même de prévenir le délit d'usure.

Beaucoup de propriétaires, privés d'une instruction agricole suffisante, méconnaissent le plus souvent leurs vrais intérêts, en négligeant cette plus importante partie de l'économie rurale, au point que, dans les métairies où le capital engagé, le cheptel d'animaux est fourni par le propriétaire, on voit rarement un nombre suffisant de bestiaux, trop souvent au-dessous de la moitié et même du quart; en évaluant ce déficit à 50 fr. par hectare, en moyenne, moins de la moitié, il manquerait encore à nos métayers un second capital de 440,000,000 de francs pour le porter à son chiffre normal, et cependant aucune mesure n'est prise pour remédier à cet état de choses si nuisible à toute exploitation, puisqu'il en résulte nécessairement un défaut de production de fumier, défaut de récolte, défaut de bénéfices, défaut d'émulation de l'exploitant, et enfin ruine de la terre, ruine du propriétaire et du cultivateur, et c'est ainsi que la culture des terres est comprise dans une grande partie des régions que nous avons en vue.

Ce défaut d'instruction agricole, si préjudiciable aux intérêts généraux et particuliers de la propriété foncière, a encore un autre résultat tout aussi déplorable; c'est le défaut de confiance dans les améliorations du sol, justifié ou provoqué par le défaut de production résultant du manque absolu de moyens pécuniaires pour les réaliser, car tout se tient et s'enchaîne dans cette misérable situation de notre agriculture. Ce défaut de confiance a persuadé aux propriétaires de ces contrées que la culture des champs ne peut être productive ; et comment pourrait-il en être autrement avec cet état de misère de tous les cultivateurs, même les plus laborieux, livrés à l'impuissance et au découragement, privés qu'ils sont des plus faibles avances dont l'emploi, fait à propos, deviendrait si fructueux entre leurs mains?

Ce manque de confiance et de lumières est encore la source d'une autre erreur tout aussi dangereuse et mal fondée ; c'est la persuasion que les produits du sol ne fournissant aux propriétaires, dans les meilleures conditions et les bons terrains, qu'un revenu de 2 à 3 pour 100, les fermiers ou métayers sont nécessairement hors d'état d'acquitter les intérêts d'un capital qui pourrait leur être confié, et ne peuvent, par ce motif, présenter aucune garantie pour le remboursement ou la représentation de ce capital. On méconnaît ici les plus simples notions des conditions premières de l'exploitation de toute industrie, qui exigent impérieusement, et avant tout, un capital d'exploitation et de roulement, à l'aide duquel l'industriel ou le cultivateur peut imprimer le mouvement à la manufacture de produits quelconques, soit d'étoffes, soit de fer, soit de grains ou de viande, et que dans toutes ces industries qui exigent des bras, du travail, outre une instruction spéciale, les produits obtenus doivent nécessairement couvrir les frais d'exploitation, avant de donner des bénéfices; que parmi ces frais se trouvent 1° la main-d'œuvre, 2° le prix de la matière première, 3° le revenu du fonds immobilier, 4° les intérêts du capital employé à l'exploitation, soit qu'il appartienne à l'entrepreneur, soit qu'il lui soit fourni par emprunt ou autrement, et 5° les bénéfices revenant à l'entrepreneur ou fermier, bénéfices toujours proportionnés à l'instruction du directeur ou entrepreneur, et en rapport parfait avec le capital de roulement et d'exploitation; que dans l'industrie agricole la part de l'exploitant est toujours satisfaisante lorsque toutes les conditions de l'exploitation sont remplies et dans leur état normal, et qu'il n'est pas rare de voir des fermiers trouver, chaque année, un intérêt raisonnable de leur capital d'exploitation, et une autre indemnité de leur travail et de l'emploi de leur temps à cette entreprise agricole: que même on évalue souvent les produits bruts d'une exploitation agricole à une somme dont le premier tiers doit acquitter les frais de toute nature, le second le fermage revenant au propriétaire du fonds, et le dernier tiers la part du fermier servant à acquitter les intérêts du capital qu'il a pu y employer, et la rétribution de son travail personnel, les frais et les produits étant d'ailleurs modifiés par la bonne ou la mauvaise direction : c'est, en définitive, la part du fermier ou directeur qui supporte les pertes ou qui est augmentée par les bénéfices, de même que dans toute espèce d'industrie.

§ V. — *Soins et secours pour les ouvriers de l'industrie, besoins et souffrances pour les travailleurs agricoles.*

Les ouvriers de l'industrie ont toujours provoqué exclusivement la sollicitude des philanthropes et de l'administration supérieure, et les ouvriers ruraux, qui ne sont pas placés sous leurs yeux, ont été constamment oubliés dans tous les temps. L'ouvrier ne trouve-t-il pas à la ville tous les établissements destinés à tous ses besoins? Lorsqu'il est indisposé, il a des médecins stipendiés pour lui donner des consultations gratuites et lui procurer des médicaments et des cordiaux. S'il est malade gravement, il a des hôpitaux pour le recevoir; s'il a besoin d'être aidé dans sa convalescence ou pour élever sa famille, des bureaux de bienfaisance, largement dotés, sont fondés dans ce but; s'il lui faut une avance pour faire face à des besoins pressants ou même faire une orgie le dimanche ou même le lundi, il a les monts-de-piété; s'il a des enfants en bas âge, il a des salles d'asile et des crèches pour les garder, les élever, les soigner, les instruire; s'il désire acquérir de l'instruction, il a des écoles d'adultes et des cours spéciaux, toujours gratuitement; en hiver, il a des chauffoirs publics et des distributions de bois et même de pain, de viande, de linge et d'habillements; s'il a quelque affaire contentieuse, il a des consultations gratuites de bons avocats; s'il a des difficultés avec ses maîtres, il a des juges parmi ses égaux, les prud'hommes, pour lui éviter les frais élevés et les lenteurs de la justice civile; s'il veut retourner au village, il obtient un passe-port gratuit et une indemnité de route.

Dans des situations semblables, l'ouvrier des champs n'a que des dépenses et des frais à supporter, des privations et des souffrances en perspective, et cette population tranquille et sobre, qui arrose la terre de ses sueurs, végète, souffre et meurt sans se plaindre, à laquelle cependant personne ne songe, et pour laquelle on n'a rien fait encore, est constamment oubliée, quoique la subsistance générale du pays lui soit due et qu'elle dépende d'elle seule, et l'on s'étonne de la voir émigrer vers les villes en désertant les champs qui l'ont vue naître; mais ne devrait-on pas s'étonner, au contraire, de voir encore quelques habitants des champs, puisqu'ils sont abandonnés de la société entière? On ne connaît pas ces besoins, ces souffrances, il faut les voir de près pour s'en convaincre, autrement il serait impossible de s'en faire une idée exacte, et, si nous n'eussions pas vécu au milieu d'une population misérable, nous les eussions toujours ignorés. N'oublions pas cependant que, malgré toutes ces admirables institutions fondées, par la plus ardente charité dans toutes nos grandes villes, les ouvriers urbains subissent la peine de leur désertion de nos campagnes, de l'ingrat abandon de l'air vif et pur qu'ils y respiraient, car ils regrettent sans cesse la joie et la santé qui entourèrent leur jeune âge.

Mais, si nos travailleurs agricoles ne peuvent obtenir immédiatement la plupart des établissements dont ils sont privés, donnons-leur au moins un appui, un faible capital avec lequel ils pourront augmenter la production, assurer l'alimentation générale en toutes circonstances, et se procurer au moins le nécessaire, pour les arracher à la misère qu'ils endurent depuis si longtemps.

§ VI.— *Institutions favorables aux industries commerciales et refusées à l'industrie agricole.*

Nous venons de prouver le délaissement, l'état d'abandon de nos cultivateurs, de nos producteurs par excellence de la première, de la plus importante de toutes nos industries ; si nous abordons le commerce et l'industrie en général, après avoir parlé de ses ouvriers, nous puiserons, à ce point de vue de la question, de nouveaux et de plus puissants arguments en faveur des améliorations dues à l'agriculture dans l'intérêt général. En effet, l'industrie commerciale n'a-t-elle pas des lois spéciales, un code à son usage exclusif, des tribunaux spéciaux, des chambres consultatives, des institutions de crédit, des banques publiques et particulières, des comptoirs d'escompte, des douanes, des primes et des encouragements de toutes sortes ?

Si, sous l'empire de ses lois spéciales et de la protection efficace qui lui a été accordée par l'État, avec l'aide de grandes dépenses et de longs et constants efforts, surtout depuis Colbert, tels que peut en faire une grande et puissante nation comme la nôtre, le commerce a grandi successivement et s'est élevé au rang qu'il occupe aujourd'hui, grâce à eux, que ne devons-nous pas attendre de toutes les mesures qui nous restent à prendre et qui auront pour but d'encourager notre grande industrie et de provoquer le développement général de l'art agricole dans toutes ses branches ?

Nous devons nous féliciter de voir l'industrie commerciale et manufacturière marcher à pas de géant dans la voie des progrès, à l'aide de cette organisation puissante qui lui a été assurée si généreusement par nos administrateurs, et nous faisons des vœux pour que, s'élevant sans cesse, elle puisse, non pas seulement atteindre, mais dépasser considérablement toutes les industries étrangères. Nous ne compterons jamais les dépenses affectées au soutien et au développement de toutes nos industries; bien au contraire, nous blâmerions l'administration supérieure, si elle laissait en souffrance le moindre intérêt commercial; nous dirons même qu'on ne fait pas encore assez, et que le commerce d'un grand pays comme la France doit prendre encore de bien plus grandes proportions, mais à la condition que les intérêts agricoles ne seront pas méconnus et négligés comme ils l'ont été et le sont encore, puisque leur souffrance entraîne en même temps celle de tout le commerce intérieur, le paralyse entièrement et le prive de l'immense débouché de ce grand marché national fréquenté par trente millions de consommateurs. Quelle faute!

§ VII. — *Institutions spéciales pour diverses industries.*

Ce qu'il y aura toujours de très-surprenant pour nous, c'est que, jusqu'ici, l'agriculture n'ait joui d'aucun établissement de crédit destiné à assurer ses développements nécessaires, comme il en existe pour toutes les industries en général, et même particulièrement pour quelques-unes auxquelles ils ont rendu et rendent encore de très-grands services : ainsi, en France, la caisse de Poissy fait des avances à la boucherie parisienne; en Écosse, la compagnie des toiles favorise le commerce des toiles; en Belgique, la banque du coton, établie à Gand, sert les intérêts de l'industrie cotonnière; en Allemagne, les caisses de bestiaux avancent aux cultivateurs les sommes nécessaires pour leur fournir des animaux de trait et de rente. Nous savons aussi qu'en Écosse les banques font des avances aux cultivateurs, et qu'on leur a même reproché de dépasser les bornes de la prudence, au point d'en éprouver de graves inconvénients.

Tous ces établissements procurent d'immenses avantages à ces diverses industries, comme le crédit commercial, en général, favorise l'extension de toutes les entreprises industrielles. Ces établissements n'ont pas toujours existé; ils sont, au contraire, assez nouveaux, puisque l'établissement des banques ne date pas de trois siècles. Les banques agricoles n'existent pas encore en France, il est vrai, mais il ne s'ensuit pas qu'elles ne puissent ni ne doivent exister; car, d'après ce principe ennemi de tout progrès, le crédit commercial n'aurait pu s'établir, et cependant il existe, et ses effets prodigieux sont connus : c'est une grande et belle conception dont les bénéfices doivent être étendus à l'industrie agricole et demandés avec instance par tous les amis du progrès et de la prospérité publique.

Il ne faut pas croire qu'il sera difficile de fonder l'établissement que nous demandons pour l'agriculture; tout concourra, au contraire, à faciliter sa création, aussitôt que cette question sera bien comprise, et propriétaires et capitalistes fourniront immédiatement le capital nécessaire; rien de plus aisé. Il y a dix millions de propriétaires en France, une cotisation de 10 fr. par tête formerait le capital de fondation, et ce serait la plus belle origine qu'il fût possible de souhaiter; mais les trois quarts de nos propriétaires n'ont rien à donner, ils auraient plutôt besoin de recevoir. Un million seulement de propriétaires cotisés à 100 francs suffirait pour fonder l'établissement que nous désirons; mais cette grande institution devant produire pour l'agriculture les mêmes avantages et beaucoup au delà de ceux que la banque de France a donnés au commerce et à l'industrie, grands propriétaires et capitalistes auront bientôt fourni le capital de fondation, ils en fourniraient même le double, s'il était nécessaire.

Ce n'est donc pas le capital qui manquera, et comme le bon vouloir ne manquera pas non plus, du moins nous l'espérons, l'industrie agricole ne tardera pas à être dotée du moyen d'action le plus puissant qu'il soit possible de mettre à sa disposition pour l'élever au plus haut point de prospérité.

§ VIII. — *Qu'est-ce que le crédit?*

Nous voyons confondre les divers intérêts qui ont droit au crédit; ne pourrait-on pas se méprendre aussi sur la nature même du crédit? Il ne sera donc pas inutile de le définir particulièrement, afin de bien préciser ce que nous demandons dans l'intérêt de l'agriculture.

Qu'est-ce que le crédit? Dans la plus simple acception de ce mot, c'est l'expression du degré de la confiance qui peut être accordée à un particulier pour sûreté d'un prêt ou d'une vente à terme.

Mais entendu d'une manière plus large et générale, sous le point de vue de l'utilité publique, dans l'état actuel des sociétés, c'est l'appréciation légale, par l'intermédiaire d'une institution spéciale, de la solvabilité personnelle, sous le rapport matériel et moral, comme sous celui de la capacité spéciale des individus appartenant aux diverses industries, ou des établissements particuliers, ou même des États.

Ainsi la banque de France est une institution modèle du crédit commercial et industriel; mais elle n'est pas encore arrivée à son état de perfection, que nous pouvons appeler normal. C'est un établissement unique, privilégié, créé dans l'intérêt public et particulier de toutes les industries commerciales et manufacturières, et auquel des bénéfices importants ont été assurés; il doit donc, pour atteindre complétement son but, remplir toutes les conditions d'utilité générale et supporter certaines charges inhérentes à ses fonctions et qui doivent être imposées par l'État. Son action doit être générale et s'étendre sur tout le territoire national; ses comptoirs doivent fonctionner dans tous les départements sans exception : c'est la condition du monopole et du droit de battre monnaie qu'il possède exclusivement. Toutes les localités principales ont un droit égal à son action; c'est la condition du progrès, comme le progrès est la condition du monopole et de la centralisation.

Pour terme de comparaison, prenons l'administration de la poste aux lettres, autre établissement modèle, d'un autre genre, mais jouissant aussi du monopole, et comparons ce qu'il était il y a deux cents ans, cent ans, vingt ans seulement, à ce qu'il est devenu aujourd'hui pour la célérité, l'activité, l'universalité et le bon marché. Son service rural et quotidien est l'expression de son utilité étendue aux 37,000 communes de France. Il a un monopole et des bénéfices assurés, mais avec des charges; toutes les lignes parcourues par les malles-postes ne sont pas lucratives, tous les services ruraux sont loin d'être productifs, mais leur utilité est si grande! Ils sont encore susceptibles de recevoir d'importantes améliorations. Le service des lettres recommandées peut singulièrement alléger les trop lourdes charges qui pèsent sur le malheureux, par la seule raison qu'il n'est pas dans l'aisance. Ainsi toutes les citations, assignations, notifications et sommations judiciaires et extrajudiciaires, concernant une somme ou un objet d'une valeur de 200 fr. et au-dessous, devraient être remplacées par des lettres recommandées et délivrées sous récépissés signés sur le registre spécial, ou bien en présence de témoins pour les illettrés, et, en cas d'absence, par l'intermédiaire des maires des communes.

Les services ruraux sont susceptibles de recevoir encore d'autres importantes améliorations; il y en a de mal établis, de trop multipliés, de mal rétribués et qui manquent de rapidité; on arrivera à un service à cheval mieux rétribué avec un personnel moins nombreux. Le service intérieur de Paris ne se fait-il pas en omnibus pour une partie?

Avec la centralisation et le monopole, on peut réaliser des merveilles : hâtons-nous d'y arriver; car le temps, de nos jours, a pris une allure si rapide, que les institutions datant d'un quart de siècle exigent des améliorations, des progrès incessants, pour ne pas paraître antiques, arriérées.

D'après ces bases d'améliorations progressives et d'utilité générale et publique, le crédit foncier devrait être régularisé par l'intermédiaire d'un grand établissement classificateur et estimateur, dans le genre des institutions des États du Nord; la valeur des biens-fonds serait fixée régulièrement d'après des bases raisonnées et comparatives, et le titre qui en résulterait permettrait une circulation en échange du numéraire des capitalistes, avec intérêt déterminé, amortissement annuel, et libération partielle et définitive à volonté, etc. Ce sont là des perfectionnements à la portée d'un établissement jouissant du monopole et de la centralisation. Dans l'état actuel des choses, quelle est la garantie de la valeur des biens-fonds? les baux, dira-t-on; mais lorsqu'ils sont verbaux, ou à partage de fruits, ou même simulés, ou bien lorsque les propriétaires font valoir, quelle base d'évaluation pourra-t-on adopter? les contributions; mais leur assiette est trop souvent erronée, arbitraire, incomplète et sans garantie réelle. Le système des banques ordinaires et le régime hypothécaire actuel, appliqués au crédit foncier, sont devenus des institutions informes, primitives, gothiques, qui doivent être modifiées : convenables à l'époque de leur institution, elles doivent aujourd'hui porter le cachet des perfectionnements indiqués par le temps, l'expérience et les lumières du siècle.

Si le crédit commercial existe et produit les immenses avantages que nous lui reconnaissons;

Si le crédit foncier existe, quelque imparfait qu'il soit, et assure aussi les plus grands avantages,

Pourquoi le crédit agricole n'existerait-il pas, s'il est encore plus utile et plus indispensable, comme nous l'avons prouvé surabondamment?

De deux choses l'une : ou le crédit commercial est utile au commerce et à l'industrie, ou il ne l'est pas;

Ou le crédit foncier est utile aux propriétaires, ou il ne l'est pas.

Si ces deux crédits organisés sont inutiles, il faut les supprimer. Nous défions qu'il soit possible de trouver une seule opinion sérieuse pour soutenir cette négation.

S'ils sont utiles, il faut les améliorer, les développer; le monopole et la centralisation permettront, quand on voudra, d'en obtenir les plus admirables résultats; mais s'ils produisent déjà les plus immenses avantages pour la société, pour le commerce, pour l'industrie, pour la propriété, comment donc l'agriculture, qui est aussi une industrie, et la première, la plus importante et la plus utile de toutes, et dont toutes les autres ont le plus impérieux besoin et ne peuvent se passer à peine d'être anéanties, comment, disons-nous, l'agriculture pourrait-elle être privée de ce tout-puissant moyen de prospérité?

Est-il utile au pays que l'agriculture soit généralement peu améliorée, peu productive?

Est-il utile à la société que les trois quarts des cultivateurs soient retenus dans la misère, la gêne, la souffrance?

Est-il utile que la propriété foncière soit improductive sur plus de la moitié du territoire national?

Nous portons le défi qu'une seule opinion raisonnable puisse soutenir cette négation du progrès, de l'amélioration de la propriété, de cette belle industrie agricole, et de la situation de son personnel.

Est-il vrai que les capitaux manquent à l'agriculture, qu'il soit possible, facile de lui en procurer, et qu'à l'aide de ces capitaux elle puisse être améliorée, productive, florissante, au grand avantage du pays et de la fortune publique et particulière?

L'organisation du crédit agricole assurera ces avantages à l'agriculture; c'est une vérité incontestable, et ce ne sont pas des phrases négatives qui pourraient établir le contraire, parce que tous nos arguments reposent sur des faits inattaquables que des sophismes et des erreurs ne pourront jamais détruire.

Ce qu'il faut pour décider la question et convaincre les plus incrédules, c'est l'application d'un bon système de crédit. Nous n'en connaissons pas, jusqu'ici, qui offre autant d'avantages, de facilités et de sécurité que celui que nous proposons. C'est donc l'organisation de ce crédit qui pourra satisfaire tous les intérêts nationaux en souffrance.

Nous allons poser, dans les sections suivantes, les bases du crédit agricole, et décrire l'organisation même de l'institution qui doit servir à son établissement.

§ IX. — *Bases et forme d'un établissement de crédit pour l'agriculture. — Principes élémentaires.*

L'établissement destiné à recevoir en dépôt l'argent des particuliers et à prêter des capitaux au travail est une banque.

La banque, en mettant en circulation des billets au porteur, offre un moyen d'action qui réunit tous les avantages du numéraire sans en avoir les inconvénients.

Les espèces métalliques n'ont qu'une valeur de pure convention. Les peuplades africaines donnent encore de la poudre d'or en échange d'objets d'une valeur inférieure, et cette poudre n'a pour elle aucun autre prix que celui qui y a été attaché par les Européens.

Les métaux monnayés ou non ne doivent leur valeur qu'à leur rareté.

La monnaie de papier a une valeur de convention comme celle de l'or et de l'argent. Qu'est-ce qu'un billet de banque? un signe représentant la valeur, en espèces, du chiffre garanti par un grand établissement légalement institué, entouré de mesures conservatrices possédant réellement sa valeur, et pouvant l'échanger à présentation contre un autre signe de même valeur en cuivre, en argent ou en or, métaux d'une certaine rareté et d'une valeur convenue reposant sur cette rareté même.

Partout où il n'y a pas d'industrie, il n'y a pas de métaux : la monnaie peut être ici un morceau de cuir, là un coquillage; si le fer devenait aussi rare que l'or, et l'or plus commun que le fer, celui-ci prendrait immédiatement la place de l'autre. Convention, rien que convention.

Mais le papier est bien supérieur au métal si lourd, si embarrassant, par la facilité, la commodité, la sûreté de son transport.

La monnaie de convention, le papier, le billet de banque, a produit la plus heureuse révolution dans l'industrie humaine. C'est à cette monnaie qu'est dû son immense développement, sans quoi l'industrie n'aurait pu dépasser les bornes d'un commerce d'échange de marchandises les unes contre les autres; aussi n'est-ce qu'à dater de l'adoption de cette merveilleuse invention parmi les peuples civilisés qu'elle est devenue le plus puissant moyen de prospérité qui ait jamais existé.

Mais ces moyens sont encore loin d'être arrivés à leur terme, ils ne sont encore qu'au début, car ils réalisent les ressources de l'avenir au profit du présent, sans les épuiser, mais en les multipliant, au contraire, toujours davantage.

Le principal avantage d'une banque est donc de faire des avances à la production pour en assurer les développements par le travail : elle a pour garantie les promesses des producteurs et les résultats de la production; elle donne un morceau de papier payable à vue, en échange d'un autre morceau de papier payable à terme; elle prélève un intérêt convenu sur son avance pour attendre son remboursement. Une légitime confiance doit être accordée à ses valeurs, puisqu'elles sont toutes garanties par des avances qu'elle fait aux producteurs, et en outre par la réserve qu'elle conserve toujours au delà du montant de ses valeurs en circulation. Cette réserve dépasse considérablement toutes les pertes possibles. Il en résulte que le numéraire d'une banque ne devrait jamais apparaître, parce que la confiance ne peut et ne doit être qu'entière; comment pourrait-il en être autrement, puisque chaque intéressé, chaque porteur du moindre de ses billets peut, à chaque instant et chaque jour, vérifier et contrôler ses comptes à l'aide des feuilles publiques, examiner le fond de ses caisses, et voir positivement, réellement une réserve de 100 millions pour garantie d'une perte hypothétique de quelques milliers de francs? Toute circulation d'espèces hors de proportion avec les besoins réguliers de ses opérations est une diminution de ses moyens d'action et de ses bénéfices, en même temps qu'une barrière opposée aux développements de la production.

Mais il y a mieux encore : nous sommes convaincu qu'il sera donné à notre siècle de voir la puissance du crédit tellement affermie à l'aide de moyens convenables, que toutes les transactions s'opéreront avec le papier; l'argent sera immobilisé pour laisser à son signe représentatif une circulation exclusive. Cette grande révolution financière s'opère en ce moment sous nos yeux; l'honneur en revient à la banque de France, qui voit préférer son papier, ayant cours forcé, aux espèces métalliques qu'elle offre et qu'on refuse avec obstination (1). C'est là un grand enseignement qu'il ne faut pas laisser passer inaperçu, et que nous nous empressons de constater, car il est le précurseur d'une confiance entière solidement établie et justifiée complétement par ce grand établissement national, dont nous devons nous montrer fiers, et en même temps recon-

(1) Mars 1850.

naissants envers les hommes habiles qui l'ont fondé, comme envers ceux qui l'ont dirigé jusqu'à nous.

Nous sommes encore redevables de ce beau résultat à la publicité; c'est un bienfait de la presse périodique qui porte à la connaissance de tous la situation exacte des opérations de la banque, et ne laisse place à aucun soupçon mal fondé, à aucune crainte inséparable de l'ignorance et de l'obscurité.

C'est par ces motifs que nous adoptons complétement, pour la fondation de la banque de l'agriculture française, les mêmes bases qui ont servi à l'établissement de la banque de France, parce que nous sommes certain que le crédit agricole sera ainsi solidement établi, comme il le mérite par la nature de ses opérations.

Nous sommes heureux de le publier, désormais le crédit français est assuré, notre patrie peut marcher à ses hautes destinées; le crédit agricole recevra bientôt une satisfaction si longtemps attendue, et versera rapidement tous ses bienfaits sur nos campagnes, et sa population laborieuse, dont l'activité incessante était entravée, pourra contribuer, pour une large part, à assurer la prospérité publique, accrue encore par les améliorations prochaines du crédit foncier, et bientôt on ne pourra pas comprendre comment il est possible que les producteurs d'une valeur annuelle dépassant 7,500,000,000 de francs soient restés jusqu'à nous inaperçus, incompris et privés du secours de la toute-puissance du crédit.

§ X. — *Nature des opérations de la banque.*

La banque de l'agriculture est un établissement d'utilité publique qui jouit d'un privilége et d'un monopole;

elle a des devoirs à remplir, par réciprocité des avantages qui lui sont réservés ; ces devoirs consistent à donner une grande impulsion aux améliorations agricoles et à assurer le développement de toutes les branches qui se rattachent à l'agriculture, et qui contribuent si puissamment à accroître tous les avantages attachés à la propriété foncière. Il est donc de la plus haute utilité que ses opérations embrassent toutes les principales sources de la production, afin qu'aucun des grands intérêts qui en dépendent ne puisse rester en souffrance. C'est en versant des capitaux partout où il y aura certitude de les faire fructifier d'une manière utile et profitable à tous, que la banque remplira le but de son institution ; car les capitaux sont pour l'agriculture le plus puissant moteur qu'il soit possible de lui confier, et c'est pour avoir méconnu cette vérité que notre grande industrie est restée jusqu'ici au-dessous de la brillante position qu'elle doit occuper.

Les avances que pourra faire la banque auront cinq destinations spéciales : 1° la fondation de caisses communales de bestiaux, afin de provoquer une augmentation nécessaire de notre production en viande, en fumier et en revenus utiles à l'exploitation et au ménage du cultivateur ; 2° la confection, la réparation et l'entretien des chemins vicinaux et de grande communication, et autres travaux d'utilité publique et communale, pour faciliter les communications en tous genres et le transport des produits du sol; 3° l'établissement d'une grande réserve de grains dans les années d'abondance, pour combler le déficit des récoltes médiocres ou mauvaises; 4° le défrichement des landes et bruyères et la culture des terres improductives, pour augmenter la production des grains et de la viande, et améliorer la propriété foncière et le sort des populations rurales des plus pauvres contrées; 5° l'amélioration générale et directe de l'agriculture, dans toutes ses branches, par les propriétaires exploitants et tous les cultivateurs, afin d'obtenir des produits plus élevés et moins chers, à l'aide des progrès de la pratique raisonnée et de la science appliquée.

Ces emplois spéciaux formeront cinq divisions particulières, alimentées par un capital disponible de 100 millions de francs pour chacune, au total 500 millions.

La première division est destinée à former l'établissement de caisses de bestiaux dans les 35,000 communes rurales de France, divisées en trois classes, opérant avec 2, 3 ou 4,000 fr., en moyenne 3,000 fr. Les communes qui n'auront pas recours à la banque permettront d'élever le chiffre des sommes à confier à celles qui en auront un besoin plus grand. Beaucoup de communes feraient un excellent emploi de 10 et même de 20,000 fr. et au delà.

Chaque caisse communale, en faisant des avances spéciales, aurait pour garantie la valeur des bestiaux placés à cheptel chez les cultivateurs, métayers ou autres qui seraient en état de les entretenir. Un intérêt annuel, égal à celui dû à la banque, serait perçu, outre une faible indemnité, pour couvrir de légers frais, et une autre somme payable annuellement, fixée au *minimum*, et indéterminée au *maximum*, jusqu'à concurrence de la valeur du bétail, serait destinée à former un fonds de garantie qui, une fois complété, permettrait à chacun de devenir propriétaire définitif du bétail qui lui aurait été confié. Véritable caisse d'épargnes communales, cette institution aurait la plus grande influence dans tous les cas possibles, mais principalement dans les localités soumises au métayage, et elle assurerait une production supérieure en lait, en viande et surtout en fumier, et donnerait un peu d'aisance aux travailleurs ruraux pour les attacher mieux au sol natal, et marquerait le premier pas dans la carrière des améliorations générales pour combler un jour le déficit en bétail de deux millions de têtes dont souffrent nos cultures.

La seconde division comprend les avances à faire aux communes pour obtenir la confection, la réparation et l'entretien des chemins vicinaux, afin de hâter l'arrivée des grandes améliorations qui résultent de ces utiles travaux. Nos chemins vicinaux, presque partout impraticables et mal établis, ont besoin d'être achevés le plus promptement possible; c'est la première et la plus urgente amélioration générale dont l'heureuse influence se fait sentir immédiatement sur toutes les parties de la production agricole. Ces avances de la banque et les moyens particuliers des communes permettront d'arriver plus promptement au but. Ce grand établissement doit être nécessairement le capitaliste le mieux placé pour imprimer aux relations avec les communes le mouvement de vie qui, partout, suit la trace d'un bon emploi des capitaux en facilitant le transport des produits du sol sur les marchés en tout temps, et permettant des relations plus faciles, plus économiques entre tous les centres populeux. Parmi les résultats obtenus par de bonnes communications vicinales, se trouvent encore au premier rang l'augmentation rapide de la valeur des biens-fonds situés sur le territoire communal, le progrès de toutes les opérations commerciales, la circulation plus facile, plus rapide et plus économique des hommes et des animaux. Les chemins vicinaux et le crédit agricole sont à l'agriculture et à nos pauvres populations rurales ce que sont les grandes routes, les chemins de fer et le crédit commercial au commerce, à l'industrie et aux riches populations urbaines. Nous devons cette tardive réparation à nos habitants des champs.

La troisième division est affectée aux avances nécessaires à l'établissement de grandes réserves de grains dans les années d'abondance, pour faire face au déficit des récoltes médiocres ou mauvaises, afin d'éviter le retour des calamités qu'entraîne la pénurie ou la cherté excessive des grains, comme nous l'avons éprouvé après la récolte de 1846.

Mais ici se rencontrent en foule des difficultés d'exécution de plusieurs genres ; nous aborderons les principales et croyons pouvoir les surmonter à l'aide des moyens que nous mettons en pratique avec la banque de l'agriculture.

On a calculé que la production générale nécessaire à l'alimentation de notre population était de 96 millions d'hectolitres de tous grains réduits à leur équivalent en froment; que le déficit résultant de récoltes mauvaises pouvait atteindre, au *maximum*, 9 à 10 millions d'hectolitres de grains, compensation faite des produits sur tous les points du territoire (1). S'il y avait possibilité d'assurer la conservation de cette masse de grains à l'aide de moyens économiques et de facile exécution, il en résulterait les plus grands avantages pour le pays sous le rapport de la sécurité publique et sous celui de l'avilissement des prix de vente au-dessous des prix de revient, et on ne verrait plus les cours s'élever à 40 fr. l'hectolitre et descendre à 11 fr., et toutes les désastreuses conséquences qui peuvent en résulter.

Les greniers de réserve, construits dans ce but, sont inabordables, non-seulement sous le rapport des constructions, mais encore sous celui des autres frais; car ceux

(1) M. de Gasparin.

d'emmagasinage seuls, calculés pour 6 millions d'hectolitres, coûteraient environ 14,000,000 de francs par année pour 1,500 dépôts de 4,000 hectolitres, personnel et manutention compris (1). Les frais de transport de ces greniers aux marchés seraient encore considérables, même en laissant à la charge des producteurs ceux de transport des lieux de production sur les greniers de la réserve.

L'achat des grains et la manutention pour le compte de l'État seraient, d'ailleurs, dangereux, nuisibles et impraticables par une foule de considérations morales et politiques qui ont été parfaitement établies par M. de Gasparin, dans un mémoire spécial, avec cette lucidité, cette supériorité de vues qui distinguent si éminemment les travaux de ce savant agronome. Cependant nous différons de manière de voir sur quelques points, grâce à l'action de la banque, qui lèverait une grande partie des difficultés, simplifierait la question d'exécution au point de la rendre facile et profitable à tous; c'est la consignation des grains entre les mains des producteurs et des propriétaires. Ce moyen a déjà été indiqué; nous l'adoptons en le façonnant

(1) Loyer de greniers pour 1,500 dépôts, à 300 francs l'un en moyenne. . . . . 450,000 fr.
1,500 préposés en chef, hommes probes et sûrs, à 2,000 fr. 3,000,000
Trois ouvriers par dépôt, 4,500 hommes, à 1,000 fr. 4,500,000
Outillage de chaque dépôt, à 50 fr. 75,000
Déchet du blé à 5 pour 100 sur 6,000,000 d'hectolitres, soit 300,000 hectolitres à 20 fr. 6,000,000
TOTAL. 14,025,000 fr.

En faisant subir quelques réductions à cette évaluation due à M. de Travanet sur le personnel et le prix du blé, il resterait au moins 10 millions de frais, non compris l'intérêt du prix d'achat des grains et ce prix lui-même.

à la portée de la banque, sans entrer dans les autres considérations qui ont occupé les économistes et les publicistes dans ces dernières années. La question d'exécution est la principale à notre point de vue; car nous pensons que les faits subis en 1847, et cette année même, ont circonscrit le débat à ce sujet, et rendu convenable et utile, aux yeux de tous, la solution en faveur de la réserve. En voici les bases :

Chaque année, le ministre de l'agriculture fait procéder à une enquête administrative sur les produits en grains des récoltes; on indique les quantités approximatives existantes par commune. A ces détails, il faudrait joindre un état particulier des quantités disponibles réellement chez les propriétaires de grands domaines et les fermiers, pouvant fournir une certaine masse de grains, de 100 hectolitres au minimum, par détenteur.

Muni de ces renseignements, le ministre fixerait la quantité d'hectolitres à mettre en réserve, et déterminerait celle de chaque canton, en calculant le chiffre de la quantité utile pour les lieux de production et situés à proximité des voies de communication rapides et faciles, et y réunissant celui nécessaire aux parties du territoire qui, ne produisant pas suffisamment pour leur propre consommation, ont besoin de recourir aux parties plus productives qui ont l'habitude de fournir leur approvisionnement ordinaire. Tels sont treize de nos départements du midi.

L'administration transmettrait à chaque maire le tableau de la fixation des réserves pour sa commune; aussitôt le maire donnerait avis aux détenteurs de grains de la faculté qui leur est ouverte de consigner tout ou partie de leurs produits moyennant l'avance d'une quotité de la valeur, si elle était demandée; les quantités seraient de

100 hectolitres au moins pour chaque détenteur ou propriétaire des domaines producteurs de grains, en bonne qualité, sèche, nette, loyale et marchande. Plusieurs producteurs pourraient jouir de la même faculté pour des quantités inférieures, en se réunissant ponr compléter 100 hectolitres au moins, s'il était nécessaire, pour certaines localités.

Les quantités disponibles à mettre en réserve pour l'alimentation générale étant fixées et consenties de gré à gré par les détenteurs, un acte énonciatif serait dressé en double original et signé, par lequel le détenteur serait constitué gardien de la réserve consignée entre ses mains, et tenu de la représenter à toute réquisition de l'autorité, sous les peines auxquelles sont soumis les gardiens de scellés ou de saisies.

L'acte de consignation des grains mis en réserve serait transmis par l'administration au ministre, qui donnerait avis à la banque de l'agriculture des sommes exigibles et des crédits à ouvrir aux propriétaires des grains consignés, pour en toucher la valeur jusqu'à concourrence des deux tiers. Cette avance porterait intérêt à 4 pour 100, et serait faite pour une année à partir de la mise en réserve, et au delà, s'il était ultérieurement reconnu nécessaire.

Les grains ne pourraient être vendus ni déplacés jusqu'à la levée de la consignation par arrêté ministériel. Les frais d'entretien seraient à la charge des détenteurs. A la levée de la consignation, le détenteur serait libre de disposer par quart du total, à la condition de rembourser, avec le prix de vente ou autrement, une quotité proportionnelle du montant des avances de la banque, en principal et intérêts, dans un délai déterminé.

A l'époque de la récolte nouvelle, les mêmes formalités

seraient remplies; la levée de la consignation pour une partie pourrait s'ensuivre, et de nouveaux grains mis en réserve soit chez les mêmes, soit chez de nouveaux producteurs, afin de renouveler l'approvisionnement pour un tiers ou moitié, et de prévenir toute détérioration.

La consignation des grains en réserve dans de semblables conditions est une faveur pour les détenteurs; elle les met en situation de conserver leurs produits pour jouir d'une amélioration possible des prix avilis par l'abondance d'une récolte, et place leurs propriétés sous la garde des forces publiques, des localités de la gendarmerie et des garnisons voisines; c'est, d'ailleurs, la simple régularisation, dans l'intérêt public, d'une mesure mise en pratique chez tous les fermiers qui possèdent un capital d'exploitation suffisant, chez tous les propriétaires qui ne sont pas pressés de réaliser leurs revenus. La mise en réserve ne serait donc pas une innovation; elle centraliserait seulement entre les mains du gouvernement les moyens de prévenir les funestes effets d'une disette factice ou réelle.

Par ce moyen, les variations subites et excessives du cours des grains soit en hausse, soit en baisse seraient modérées pour éviter toute perturbation, et les souffrances qui en résultent pour une grande masse de consommateurs pauvres seraient prévenues en conservant les intérêts de la production, et remédiant aux inconvénients d'une exportation excessive par la voie du commerce. Ce moyen, du reste, laisserait un libre essor à toutes les transactions ordinaires des marchés, puisque les producteurs ordinaires continueraient de les alimenter à toutes les époques de l'année, et ne permettrait pas aux réserves d'influencer les cours d'une manière nuisible aux intérêts des consommateurs, pas plus qu'au commerce ou à l'agiotage de renouveler un simulacre de disette, s'il est vrai que déjà celle de 1847 a été plus factice que réelle. Aucune mesure utile ne serait plus populaire, car elle est réclamée de toutes parts par cet instinct des masses toujours en garde contre l'abus des spéculations.

En supposant 10 millions d'hectolitres mis en réserve, sur lesquels les deux tiers de la valeur pourraient être avancés au cours moyen de 15 fr. l'hectolitre, 100 millions seraient nécessaires pour assurer ce service.

La *quatrième division* concerne le défrichement des landes et bruyères, et la culture des terres improductives. Les avances des fonds de la banque aideraient à payer les travaux en cours d'exécution, et à les continuer sur une plus large échelle ; 3 ou 4 millions d'hectares peuvent être défrichés et cultivés avec profit sur les 8 millions d'hectares existants. En supposant 1 million d'hectares des meilleurs terrains à défricher les premiers, coûtant, en moyenne, 150 fr. par hectare, il faudrait 150 millions pour en acquitter les frais ; 100 millions alimenteraient suffisamment cette source de produits utiles.

Il est surabondant de faire ressortir tous les avantages attachés à la mise en valeur des terres incultes ; elles sont actuellement improductives, sans autre motif que le défaut de capitaux qui entrave tous les développements de notre agriculture ; c'est une cause de misère permanente pour les pauvres habitants de ces contrées, une perte pour la consommation générale, et une honte pour la France. Nous n'en dirons pas davantage ; ces motifs sont assez graves pour nous dispenser de toute autre considération.

La *cinquième division* doit fournir aux propriétaires exploitants, aux fermiers et métayers, et à tous les cultivateurs, les avances nécessaires pour aborder les améliorations agricoles; ce sera un supplément du capital d'exploitation, du fonds de roulement indispensable à l'industrie agricole comme à toutes les autres industries; c'est par ce moyen qu'il sera possible d'entrer dans la voie du progrès, et d'obtenir la plupart des améliorations demandées par tous les hommes qui s'occupent des grands intérêts de notre agriculture, aussi bien que par tous les exploitants, et par l'intérêt général, mais que le défaut de moyens pécuniaires n'a jamais permis d'obtenir; c'est un besoin général à satisfaire. Les capitaux destinés à cette division ne seront pas suffisants, sans doute; mais, au début d'une institution semblable, il est nécessaire de marcher avec prudence au commencement du voyage; c'est ainsi que se forme l'expérience. A mesure que se développeront les améliorations des premières années, une partie des capitaux sans emploi des autres divisions seront affectés au service de celle-ci, et donneront une plus grande impulsion à tous les travaux agricoles.

C'est à l'aide des moyens offerts par la banque qu'il sera possible de contribuer à l'établissement d'une partie des jeunes agriculteurs qui sortiront des fermes-écoles; ils trouveront facilement des domaines à exploiter par le système de métayage avec bestiaux et instruments fournis par les propriétaires. Les faibles capitaux que possèdent les exploitants ordinaires leur seront facilement assurés par leurs ressources personnelles, celles de leurs parents ou des propriétaires eux-mêmes, et, dans tous les cas, favorables lorsque ces débutants auront donné des preuves de capacité pendant un ou deux ans sur quelques exploitations; la banque viendra leur fournir les moyens d'arriver au succès.

Il est nécessaire de faire remarquer que, indépendamment de tous les avantages qui seront réalisés par l'action de la banque, il en résultera encore nécessairement un effet considérable, sous le rapport moral, sur les habitudes de certains habitants de la campagne; ce sera même le plus puissant moyen de corriger les mauvais penchants, de réformer l'indélicatesse, et de combattre victorieusement la mauvaise foi, qui peuvent exister chez eux, et qui malheureusement sont trop souvent inséparables de la misère et du besoin.

Les avances de la banque auront encore le pouvoir certain de faire disparaître les usuriers en diminuant les besoins les plus urgents, qui, presque toujours, pourront être satisfaits, et cette lèpre honteuse qui ruine certaines provinces pourra presque entièrement trouver sa guérison dans les avances de la banque, destinées, pour une portion, à compléter le capital circulant des exploitants qui voudront se soumettre à présenter à l'appui de leurs demandes un inventaire exact et sincère établissant clairement leur situation dans le cours des deux années précédentes. Cette mesure, de la plus grande simplicité, introduira peu à peu l'usage général des écritures, ou du moins des inventaires, et produira des avantages certains sur la marche de tous les établissements agricoles.

Nous devons appeler l'attention de nos lecteurs sur les fonds d'encouragement mentionnés à l'article 24 des statuts, dont les heureux effets sur les améliorations générales de notre agriculture s'accroîtront également avec la prospérité de la banque, parallèlement à celle du crédit agricole, parce qu'il est du devoir et de l'intérêt d'un établissement semblable de concourir, par tous les moyens, au développement général de la fortune publique et particulière, dont une agriculture florissante sur toutes les parties du territoire national est, pour nous, l'expression complète.

Nous devons expliquer ici, pour faire comprendre toute notre pensée au sujet de ces fonds d'encouragement, que nous avons pour but d'appeler l'attention de la banque sur tout ce qui peut assurer le progrès de l'art agricole et l'amélioration de la propriété foncière, ainsi qu'on l'a obtenue en Angleterre par l'intervention des grands propriétaires. En France, la banque de l'agriculture doit représenter l'intérêt collectif de la propriété foncière par l'intermédiaire de ses actionnaires, et surtout par celle de ses régents choisis parmi nos sommités agricoles. C'est donc ce grand établissement qui imprimerait et dirigerait le mouvement de toutes les améliorations réclamées si impérieusement chez nous dans l'intérêt général comme dans celui des propriétaires et des cultivateurs; il viendrait ainsi en aide aux efforts du gouvernement, et augmenterait la puissance de son action d'une manière avantageuse pour tous.

§ XI. — *Des profits et des pertes possibles et probables d'une banque de l'agriculture française.*

La nature des opérations d'une banque spécialement destinée à l'agriculture présente une immense différence avec celles d'une banque commerciale. Cette dernière est exposée à subir le contre-coup de tous les désastres occasionnés par les crises commerciales qui naissent de mille circonstances que toute la prudence humaine ne peut prévoir, inhérentes qu'elles sont à l'industrie commerciale; tandis que l'agriculture n'a pas à redouter ces commotions qui frappent tout le commerce en général.

Il y a entre le commerçant et le cultivateur toute la différence qui existe entre leurs opérations : le premier est entreprenant par nature, audacieux par nécessité; le dernier est nécessairement positif, indispensablement circonspect : le premier opère sur des éventualités, des espérances sujettes à mille chances d'erreurs; il est trop souvent le jouet des événements, de la fatalité, du hasard : la plus petite chance contraire peut déjouer les plus minutieux calculs de l'expérience la plus consommée; s'il s'adresse à tous les consommateurs du globe, il a tous les genres de périls à craindre, dont le plus ordinaire et le plus redoutable est la concurrence. Le cultivateur, au contraire, opère sur un terrain immuable, son industrie consiste simplement à seconder le puissant travail de la nature; pour obtenir des produits considérables de première nécessité pour tous les consommateurs à sa portée, il peut créer des valeurs considérables avec une matière première inépuisable, à l'aide de forces motrices que la nature prend plaisir à centupler; la terre, l'air, le soleil sont ses principaux agents, dont le travail doit utiliser toutes les influences mises à sa dispotion par la bienveillante nature, en lui laissant peu de chances à courir, toutes produites par quelques intempéries des saisons qui peuvent frapper partiellement ses produits ; mais, s'ils sont alors moins abondants sur un point donné seulement, ils ne sont jamais nuls en totalité, et un fonds inépuisable permet de réparer, dans le cours d'une année, toutes les pertes d'une autre année (1). Ainsi, en

(1) On évalue les pertes occasionnées par les fléaux suivants, dans le cours de dix années, de 1826 à 1835, savoir :

Pertes par grêle. . . .	282,052,589 f.	479,111,000 fr., moyenne de dix ans ; 47,911,100 fr., ou 15 pour 100 6/10 sur 7,500,000,000f, montant des produits annuels de l'agriculture, y compris ceux de la vigne.
— par gelée. . . .	101,448,723	
— par inondations.	71,951,498	
— par épizooties. .	23,658,290	

général, l'industrie commerciale est sujette à toutes les chances de perte, et l'industrie agricole en est presque entièrement à l'abri comparativement. Il serait donc impossible de comprendre comment les prodigieux effets du crédit commercial ont pu absorber tous les capitaux non immobilisés dans ou sur le sol par une attraction irrésistible, pendant que le crédit agricole est encore presque entièrement nul, relativement à ses besoins, et produit une sorte de répulsion sur les capitaux, malgré l'immense besoin qu'il en éprouve; mais on trouve l'explication de cette anomalie, d'abord dans la nature de l'esprit humain qui s'attache souvent aux brillantes apparences, en dédaignant les réalités ordinaires, puis dans les grands bénéfices obtenus par d'heureuses spéculations commerciales. Ce crédit s'est étendu encore à la faveur de ses opérations à courts termes, qui réduisent considérablement les chances défavorables et les risques à courir, et décèlent en même temps toutes les craintes des capitalistes.

Mais la principale raison pour laquelle le crédit agricole est encore peu développé, c'est la situation de l'art agricole lui-même pendant les siècles précédents. L'agriculture était alors un métier obscur, le cultivateur un travailleur machinal, une espèce d'ilote taillable et corvéable. Depuis un demi-siècle elle est devenue un art, une industrie raisonnée, et de nos jours elle se transforme en science avec l'aide des hommes instruits placés à sa tête, qui possèdent toutes les connaissances humaines; une exploitation agricole est devenue une grande manufacture de grains et de bétail dirigée avec les mêmes principes qui président à la marche des grandes industries manufacturières. Il n'est donc pas surprenant que le crédit lui ait fait défaut jusqu'ici; mais ces temps d'épreuves et de souffrances sont passés, il faut admettre aujourd'hui notre grand art agricole à l'émancipation à laquelle il a droit, seconder le mouvement progressif dans lequel il est entraîné, et poser les bases du crédit qui lui est nécessaire pour atteindre la prospérité : les capitalistes peuvent et doivent avoir confiance en lui; et n'est-elle pas justifiée de la manière la plus complète et la plus évidente aux yeux les plus difficiles, et pour les plus exigeants, par la production annuelle de 7,500,000,000 de francs constatée en 1840?

Du reste, les opérations d'une banque de l'agriculture doivent présenter, surtout à son début, des garanties satisfaisantes; c'est pourquoi nous les entourons de quelques dispositions tutélaires. Mais nous sommes convaincu qu'après un certain nombre d'années l'invasion rapide de tous les progrès qu'entraînera l'établissement du crédit agricole fera, d'une garantie aujourd'hui nécessaire, des cas exceptionnels.

Les opérations de la banque embrassent cinq genres particuliers d'avances qui forment cinq grandes divisions.

La première division comprend les prêts à faire aux communes pour l'établissement des caisses communales de bestiaux; cette division ne présente aucune chance de pertes, toutes les communes sont solvables. 100 millions sont nécessaires pour cette division.

La seconde division est affectée aux avances à faire aux communes rurales pour la réparation, l'entretien et la confection des chemins vicinaux et de grande communication, et autres travaux d'utilité publique.

La troisième division est destinée aux avances pour consignation de grains mis en réserve chez les propriétaires, avec l'intervention des communes.

Aucune chance de pertes ne pourra résulter des opérations comprises dans ces deux divisions, les communes restant garantes des rentrées de toutes les avances; 100,000,000 de francs pour chacune de ces divisions seront disponibles.

La quatrième division est affectée aux défrichements des terres improductives et à leur mise en valeur; elle présentera des pertes insignifiantes, s'il y en a, parce que les avances reposeront toutes sur un travail essentiellement productif et un gage apparent et positif; il en résultera donc peu de non-valeurs, la banque disposera de 100 millions pour cette division.

La cinquième division est destinée aux avances à faire aux propriétaires et aux exploitants en général; 100 millions y seront affectés. C'est ici que pourront se présenter les pertes les plus sensibles; cependant la position de tous les cultivateurs étant infiniment plus facile à connaître, à apprécier réellement que toutes les positions commerciales et industrielles, par la raison que ce crédit est très-circonscrit, il est certain que les pertes seront fort limitées; d'ailleurs ces avances, faites à échéances assez rapprochées pour une grande partie, devront être peut élevées, en général, pour favoriser le plus grand nombre et permettre une circulation plus rapide; ces avances, disons-nous, par leur division même, n'offriront pas de grandes pertes, et resteront certainement beaucoup au-dessous de nos prévisions; mais, lors même qu'elles les atteindraient, les immenses avantages obtenus par la masse de ces avances compenseraient cent fois toutes les pertes possibles.

Nous pouvons prévoir d'une manière assez positive que toutes les pertes résultant des opérations de la banque seront inférieures à celles éprouvées par la banque de France, dont les sinistres, pendant le cours des trente-deux années qui ont suivi sa fondation, ont atteint le chiffre insignifiant de 1,973,000 fr., ou la somme de 61,656 fr. en moyenne par année.

Du reste, les avances de la banque n'auront jamais lieu qu'avec la conviction positive qu'il existe un gage matériel très-apparent par lui-même, facilement appréciable et reposant sur des titres réels qui rendront la marche de l'établissement facile, prompte et assurée.

Un capital de 500,000,000 de francs devra produire, pendant les premières années, un intérêt de 4 pour 100 à la charge des emprunteurs ; ce sera donc 20 millions; mais ne pouvant être immédiatement utilisés, les deux ou trois premières années seront peu significatives, le roulement normal ne pouvant être atteint avant deux ou trois ans ; la circulation accélérée ou modérée, suivant les circonstances, provoquera une heureuse et rapide révolution dans les bases d'opération de la banque, qui sera guidée, chaque année, par les résultats constatés de l'année précédente.

Les frais que supportera la banque seront nécessairement élevés à raison du nombre des agents et employés dans les départements et des difficultés d'une vaste organisation. Une direction sera créée dans chaque département et une sous-direction dans chaque arrondissement.

Les frais des directions départementales et ceux de l'établissement central de la banque pourront s'élever à. . . . . 7,800,000 fr.

En portant les sinistres annuels au maximum dépassant le possible à. . . 200,000

Le dividende annuel pouvant s'élever à

A reporter 8,000,000 fr.

Report	8,000,000 fr.
5 pour 100 pour intérêts, produisant. .	5,000,000
L'ensemble des frais pourrait donc atteindre au maximum.	13,000,000
Les bénéfices probables, calculés sur des placements en moyenne de 400 millions sur les 500 millions disponibles, étant de.	16,000,000
Il restera un excédant de.	3,000,000
En supposant un placement intégral des capitaux disponibles, il faudrait y ajouter.	4,000,000
L'excédant disponible serait alors de.	7,000,000
Le tiers composant la réserve annuelle serait alors de.	2,333,333
Les deux tiers restant à répartir aux actionnaires s'élèveraient à.	4,666,667 fr.

Ce qui permettrait de répartir un second dividende de 46 fr. 66 cent. par action de 1,000 francs, ou un intérêt total annuel de 9 pour 100, 6/10es 2/3 (1).

Le capital-espèces de la banque étant porté à 100 millions de francs, nous avons cru pouvoir élever le chiffre de

(1) APERÇU DES FRAIS D'ORGANISATION DE LA BANQUE DE L'AGRICULTURE.

Établissement central.

1	gouverneur.	50,000 fr.
2	sous-directeurs à 30,000 fr.	60,000
5	chefs de division à 5,000 fr.	25,000
5	sous-chefs à 4,000 fr.	20,000
10	commis de première classe à 3,000 fr.	30,000
10	— de seconde classe à 2,000 fr.	20,000
10	— de troisième classe à 1,500.	15,000
5	garçons de bureau à 1,200 fr.	6,000
3	caissiers à 6,000 fr.	18,000
51	*A reporter.*	244,000 fr.

son capital-billets à 500 millions ou cinq fois sa représentation en numéraire, parce que cette proportion paraît

51	*d'autre part.* *Report.*	244,000 fr.
3	teneurs de livres à 4,000 fr.	12,000
1	concierge.	1,000
	Frais de bureau, dépenses imprévues.	56,000
	Encouragements pour l'agriculture.	50,000
	Loyer.	20,000
	Droits de présence de vingt régents et cinq censeurs.	25,000
4	inspecteurs généraux à 8,000 fr.	32,000

59 employés à Paris.
1,530 — aux chefs-lieux de département.
1,448 — aux arrondissements.

3,037 employés.

Frais à Paris. . . . . 440,000 fr.

Établissements départementaux.

1	directeur.	6,000 fr.
3	chefs de division à 3,000 fr. .	9,000
5	commis à 2,000 fr.	10,000
5	— à 1,500 fr.	7,500
1	caissier.	4,000
1	comptable.	3,000
2	garçons de bureau.	2,500
	Frais de bureau.	2,000

Par département. . . . . . . 44,000 fr. × 85 = 3,740,000 fr.

18 employés par département × 85 = 1,530.

Établissements des arrondissements.

1	sous-directeur.	4,000 fr.
2	commis à 2,000 fr.	4,000
1	garçon de bureau.	1,200
	Frais de bureau.	800

Par arrondissement. . . . . 10,000 fr. × 362 = 3,620,000 fr.

4 employés par arrondissement × 362 = 1,448.

	7,800,000
Pertes au maximum.	200,000
Intérêt à 5 pour 100 sur 100,000,000.	5,000,000
	13,000,000

convenable avec la sécurité que présentent toutes les opérations et en rapport avec les éventualités.

Nous savons cependant qu'on a adopté pour principe, en matière de banques de circulation, que le capital-billets ne doit guère dépasser trois fois le montant de son capital-espèces ; mais ces principes, appliqués aux opérations commerciales, ne peuvent être invoqués au cas particulier, puisque les opérations agricoles n'ont aucun rapport avec les précédentes : les principes doivent donc se modifier avec les circonstances qui leur ont donné naissance et qui, dans l'origine, reposaient sur de simples présomptions, sur de pures éventualités, qui ont disparu au grand jour de la publicité. Cette opinion est confirmée par la situation de la banque de France, qui, d'abord constituée au capital de 90,000,000 de francs espèces, a été portée à 108 millions par ses réserves, et l'émission de ses billets à 525 millions ; c'est près de cinq fois le montant de son numéraire. Cette proportion peut être dépassée sans danger pour des opérations aussi assurées que celles de la banque de l'agriculture.

Nous devons dire que les habitudes de la banque de France sont empreintes d'une grande timidité qui, plus d'une fois, et en ce moment même, lui a attiré l'accusation de pusillanimité. S'il y a quelque chose de vrai dans ces reproches, on ne doit pas oublier que notre expérience en matière de banques de circulation est encore à son début, et que, dans l'état de l'industrie française, comparativement à celle des nations plus spécialement mercantiles, comme l'Angleterre, la Hollande, la ville de Hambourg, et autrefois les Etats de Venise, et de Gênes, Venise surtout, à qui nous devons le premier exemple d'une banque, quoique sur d'autres bases que celles actuelles, il est excusable, jusqu'à un certain point, de marcher avec quelque circonscription.

La banque de Vienne en Autriche n'a, en ce moment, en caisse qu'un capital en espèces de 30 millions et demi de florins contre un capital-papier de 250 millions et demi de florins; c'est près de huit fois le montant du premier.

La banque de l'agriculture, étant à l'abri des crises commerciales, pourrait donc marcher avec toute sécurité dans les temps ordinaires. Nous savons cependant que, malgré toute la solidité des opérations de la banque de France, pendant plus de quarante ans, elle n'a pas été à l'abri d'une panique, après les événements de février. Dans des cisconstances semblables, et lorsque rien ne peut justifier des craintes exagérées, le mal de la peur succède à la peur du mal et devient incurable, car la peur ne raisonne pas. C'est alors le cas de recourir aux moyens extraordinaires dont le gouvernement a fait usage en France aussi bien qu'en Angleterre, et ces moyens ont eu pour résultat de raffermir et consolider le crédit au lieu de l'ébranler. On doit remarquer qu'il ne saurait plus en être autrement avec le système de publicité qui a été adopté et qui doit être constamment suivi à l'avenir dans l'intérêt même des banques.

Il serait peut-être convenable, aux yeux de certaines personnes, que le gouvernement garantît un *minimum* d'intérêt aux actionnaires de la banque, pour inspirer une plus grande confiance aux capitalistes. Nous ne croyons pas cette mesure nécessaire; nous sommes persuadé qu'il y a trop de bon sens pratique en France pour qu'elle devienne utile; l'établissement que nous proposons a des bases tellement larges et présente une solidité si évidente, qu'il peut se passer de toute espèce de moyens pris en dehors de lui-même.

Nous n'avons pas parlé du privilége accordé à la banque de France, parce que la banque de l'agriculture française n'a rien de commun avec les opérations purement commerciales de celle-ci, et qu'en aucun cas il ne peut y avoir la moindre rivalité. Loin de se nuire, ces deux grands établissements seraient appelés à se prêter un mutuel appui.

§ XII. — *Alliance nécessaire du crédit foncier avec le crédit agricole.*

Nous nous préoccupons de l'établissement du crédit agricole, si oublié jusqu'ici, parce qu'à nos yeux ce crédit est le plus pressant à établir dans l'intérêt général, dans celui des propriétaires, et dans ceux de notre nombreuse population rurale ; c'est le seul moyen de salut pour la petite propriété qui n'a rien à attendre des banques foncières, pour les fermiers et métayers qui n'ont jamais rien reçu de personne, et nous pouvons dire pour la France entière, dans les circonstances où elle est placée.

Le crédit foncier est l'objet d'actives et pressantes réclamations, nous le savons et nous concevons parfaitement que les propriétaires cherchent tous les moyens possibles d'alléger les charges qu'ils supportent et d'obtenir les améliorations du régime hypothécaire et de ses conséquences ; mais ce crédit a de nombreux et vaillants défenseurs qui peuvent se suffire ; nous formons des vœux pour leur succès, et ils réussiront certainement. Mais notre crédit agricole, si nécessaire, si important pour notre grande industrie et cependant si dépourvu d'appui, notre sympathie lui est acquise, nous nous dévouons exclusivement à ses intérêts et nous espérons bien recruter des alliés dans tous les rangs, même dans ceux des puissances protectrices du crédit foncier, si solidement appuyé par ses 11 milliards de créances hypothécaires, dont il est en possession par titres bien et dûment inscrits dans nos quatre cent quarante-neuf bureaux des hypothèques, avec un mouvement annuel de six cent mille inscriptions nouvelles.

Nous connaissons cette colossale et magnifique position, au milieu des propriétaires, ses défenseurs nés parmi les plus distingués de la noblesse, de la magistrature, de l'armée, de la finance et de l'industrie, comment ne réussirait-il pas? tandis que notre pauvre crédit agricole, sans aucun soutien , si ce n'est dans la partie la moins influente, quoique la plus nombreuse de notre population, qui compte par millions des cultivateurs, des exploitants, des travailleurs, n'ayant rien de fastueux dans la mise, rien de brillant dans les équipages, portant la blouse, les mains calleuses, la sueur au front, et le rude langage à la bouche; il attend avec résignation, confiant dans son droit, que justice lui soit rendue et qu'il puisse recevoir ses 500 millions, bien faible part pour tant de souffrances, de besoins, de travaux et de riches et abondants produits! Serait-ce donc trop demander pendant que le puissant crédit foncier dispose de 11 milliards? ce frère aîné si riche qui n'a cédé qu'une bien faible part de sa belle dotation à son puîné, notre pauvre et simple crédit agricole, sans lequel, cependant, il serait réduit à l'impuissance et à la ruine; car que pourraient être les produits des immeubles ruraux, sans les travaux des cultivateurs qui les exploitent à l'aide du crédit agricole? mais aujourd'hui c'est au nom de cette fraternité même que le crédit agricole élève la voix pour révéler toute sa puissance si longtemps méconnue, lui dont les produits annuels de ses partisans dépassent 7,500,000,000 de francs! et c'est encore pour prêter assistance à ce frère actuellement en butte à de violentes et traîtreuses attaques; c'est pour lui offrir une alliance plus intime qu'il vient lui tendre la main et qu'il espère rallier à sa cause tous les défenseurs du crédit foncier sans exception, car ils sont tous aussi intéressés que lui-même à son succès.

§ XIII. — *Organisation de la banque nationale de l'agriculture française.*

Nous croyons inutile d'entrer dans de plus amples détails à ce sujet; nous nous bornons à formuler les statuts mêmes de la banque, dont tout ce qui précède n'a été, en quelque sorte, qu'un exposé des motifs.

PROJET DE STATUTS DE LA BANQUE.

I. Organisation et fondation.

1. Un établissement de crédit destiné à favoriser toutes les améliorations agricoles est fondé à Paris avec des directions dans tous les départements sous le nom de banque nationale de l'agriculture française.

2. Le capital de fondation de la banque est fixé à 100,000,000 de francs, au moyen de cent mille actions de 1,000 francs. Tout appel de fonds sur ces actions est formellement interdit.

3. Les actions donnent droit à un intérêt annuel composé 1° d'une répartition qui ne pourra excéder 5 pour 100

du capital ; 2° d'une autre répartition égale aux deux tiers des bénéfices excédant la répartition de 5 pour 100. Ces dividendes seront payés chaque année par semestre ; le dernier tiers sera mis en réserve.

4. L'administration de la banque aura la faculté de faire le placement qui lui paraîtra le plus convenable de ses fonds de réserve.

5. S'il était reconnu que de plus grands développements sont devenus nécessaires pour la prospérité de l'agriculture française après les résultats obtenus et constatés dans les comptes annuels et des rapports spéciaux après enquête, l'administration de la banque pourra demander l'autorisation d'émettre une nouvelle série d'actions, pour un capital déterminé, aux mêmes conditions. En ce cas, les fonds de réserve acquis à la première série profiteront aux premiers actionnaires seulement.

6. Un privilége est accordé à la banque de l'agriculture pendant trente ans, à partir de son entrée en fonctions.

7. Les actions de la banque seront représentées par une inscription nominative sur ses registres ; elles ne pourront être mises au porteur.

II. Assemblée générale de la banque.

8. L'universalité des actionnaires sera représentée par les deux cents plus forts propriétaires d'actions depuis six mois révolus. Le plus anciennement inscrit sera préféré au plus nouveau, à égalité de droits. La réunion de ces deux cents membres formera l'assemblée générale de la banque.

9. L'assemblée se réunira dans le courant de janvier de chaque année ; elle sera convoquée extraordinairement en cas de nécessité.

10. Les membres de l'assemblée générale assisteront et voteront en personne, sans pouvoir se faire représenter; chacun d'eux n'aura qu'une voix.

11. Aucun actionnaire ne pourra être membre de l'assemblée générale ou du conseil général, s'il n'est citoyen français.

III. Du conseil général de la banque.

12. La banque aura un conseil général de son administration intérieure, composé de vingt régents et surveillé par cinq censeurs choisis entre tous les actionnaires par l'assemblée générale.

13. Ces fonctions seront gratuites, sauf des droits de présence. Des élections nouvelles auront lieu, chaque année, pour le renouvellement de ces fonctionnaires, par quart.

14. Le conseil général de la banque fera dans le mois les statuts de son administration intérieure.

15. Le conseil général de la banque surveille toutes les opérations de l'établissement, détermine ses opérations, délibère ses statuts particuliers et le règlement de son régime intérieur; délibère, sur la proposition du gouverneur, tous traités et conventions; statue sur la création et l'émission des billets de banque payables au porteur et à vue, ainsi que sur leur retirement et leur annulation; règle la forme des billets; détermine les signatures dont ils sont revêtus; fixe le placement des fonds de réserve, et veille à ce que la banque ne fasse aucune autre opération que celles autorisées par la loi et les statuts; présente le compte général annuel de la banque à l'assemblée générale. Les appointements et salaires des agents et employés de la banque, et les dépenses générales de son organisation in-

térieure, seront délibérés d'avance, chaque année, par le conseil général.

16. Nulle opération ne pourra être faite avec les communes, les propriétaires, les exploitants ou tous autres, sans la proposition du conseil général et l'approbation formelle du gouverneur.

17. Les censeurs rendront compte, à chaque assemblée générale, de la surveillance qu'ils auront exercée sur les opérations de la banque, et déclareront si les statuts ont été suivis.

18. Les vingt régents et les cinq censeurs seront répartis en neuf comités, savoir : 1° comité des caisses de bestiaux; 2° comité des travaux communaux; 3° comité des réserves de grains; 4° comité des défrichements; 5° comité des améliorations agricoles; 6° comité des billets; 7° comité des livres et portefeuilles; 8° comité des caisses; 9° comité des relations avec le trésor et la banque de France.

IV. Du gouverneur et des sous-gouverneurs et directeurs.

19. La direction de la banque sera exercée par un gouverneur et des suppléants qui exerceront les fonctions qui leur seront par lui déléguées, avec le titre de premier et de second sous-gouverneur; le plus ancien, en cas de vacance ou de maladie, remplira les fonctions de gouverneur.

20. Le gouverneur et les sous-gouverneurs seront nommés par le chef du pouvoir exécutif.

21. Le gouverneur devra être propriétaire, avant d'entrer en fonctions, de cent actions de la banque, et chacun des sous-directeurs, de cinquante actions; les directeurs de département, de vingt actions, et les sous-directeurs d'arrondissement, de dix actions.

22. Le gouverneur recevra annuellement 50,000 fr. pour honoraires et les sous-gouverneurs chacun 30,000 fr.

23. Ces fonctionnaires prêteront serment, entre les mains du chef du pouvoir exécutif, de bien et fidèlement diriger les affaires de la banque, conformément aux lois et aux statuts.

24. Le gouverneur nommera, révoquera, destituera les agents de la banque ; il signera, au nom de la banque, tous traités et conventions. Les actions judiciaires seront dirigées au nom des régents, poursuites et diligence du gouverneur. Il signera la correspondance et pourra se faire suppléer à cet égard, ainsi que pour les titres de prêts et les endossements de valeurs appartenant à la banque. Il présidera le conseil général de la banque et tous comités. Nulle délibération ne pourra être exécutée, si elle n'est revêtue de la signature du gouverneur ; il fera exécuter les lois relatives à la banque, ses statuts et les délibérations du conseil général ; il proposera les sujets et le montant des prix et primes agricoles décernés, chaque année, aux propriétaires, fermiers, métayers, constructeurs, améliorateurs et inventeurs, et toutes publications d'ouvrages spéciaux.

25. Les sous-gouverneurs assisteront et auront voix délibérative au conseil général, et prendront rang parmi les régents, par ancienneté de nomination.

V. Des opérations de la banque et des garanties.

26. Les opérations de la banque consisteront 1° à faire des avances, à chacune des communes rurales de France, d'une partie du capital nécessaire 1° à la fondation d'une caisse communale de bestiaux, pour fournir des animaux

de trait et de rente de la race bovine aux cultivateurs à titre de cheptel, 2° à la confection, à la réparation et à l'entretien des chemins vicinaux, et tous travaux d'utilité publique et communale, 3° à la consignation d'une grande réserve de grains entre les mains des détenteurs; les communes resteront garantes de l'emploi et du remboursement des capitaux employés à assurer l'exécution de ces mesures d'intérêt public;

2° A faire des avances aux propriétaires, fermiers, métayers et exploitants, et aux communes une partie des frais de défrichement et de culture des terres improductives de la France;

3° A faire des avances pour améliorations agricoles ou fonds de roulement aux propriétaires, exploitants, et aux communes.

27. La banque aura un privilége exclusif sans concurrence, conformément aux dispositions de l'article 2102 du code civil, sur les récoltes et produits du défrichement des terres incultes de l'exploitation qui aura reçu des avances, pendant le cours des défrichements et jusqu'à l'expiration des trois années suivantes. Elle pourra prendre inscription hypothécaire, en vertu de ses titres de prêts, sur la plus-value résultant du défrichement opéré avec ses fonds. Cette plus-value sera égale aux deux tiers de la valeur totale des terrains mis en valeur; elle aura le même droit par la plus-value résultant des améliorations effectuées aux termes de l'article 2103 du même code. Cette inscription sera opérée par les conservateurs des hypothèques sur la simple représentation du titre enregistré, sans bordereaux.

28. L'enregistrement des titres de la banque donnera ouverture à un droit fixe de 50 centimes sans décime; le droit d'hypothèque sera le même, outre le coût du timbre

des registres du conservateur. Le droit de cautionnement, s'il y a lieu, sera aussi de 50 centimes fixes.

29. Les droits hypothécaires et privilégiés de la banque seront établis par les titres souscrits à son profit, après la déclaration prescrite par l'article 117 de la loi du 3 frimaire an VII relative aux défrichements ; mention de cette déclaration de la contenance cadastrale des terrains sera faite dans les titres de prêts, avec indication de la nature des biens ; il en sera de même des avances destinées spécialement à des améliorations déterminées.

30. Tous les actes passés par les emprunteurs qui ne sauraient signer devront être notariés, en brevet double, dans la forme établie par la banque et imprimés ; ils seront tous enregistrés. Les droits des notaires seront de 1 fr. par titre. Les titres contiendront l'obligation de l'emploi spécial aux défrichements et améliorations à exécuter immédiatement, à peine de remboursement, de radiation de la table de crédit et de tous dommages-intérêts. Les avances pour complément de capital d'exploitation et de roulement ne pourront être faites que sur la production de deux inventaires exacts et sincères de la situation de l'exploitation, dressés au commencement de l'année courante, lors de la demande et de l'année précédente. Ces deux pièces seront dispensées du timbre et de l'enregistrement, et demeureront annexées aux titres de prêts.

31. Les avances pour améliorations générales et celles pour compléter en partie le capital d'exploitation seront garanties par privilége spécial sur les récoltes de l'exploitation : pour les premières, sur les récoltes de l'année ; pour les autres avances, sur les récoltes ultérieures, s'il y a lieu, jusqu'à remboursement définitif, conformément aux dispositions de l'art. 2102 du code civil, et sur les instru-

ments et mobilier aratoires. Les propriétaires qui voudront garantir les avances de la banque, en remplissant les formalités jugées utiles par l'établissement, rendront disponibles les produits des récoltes de l'année, et ultérieurement, s'il y a lieu. Les actes relatifs seront soumis aux droits et autres formalités mentionnés aux art. 28, 29 et 30 qui précèdent.

Les avances pour consignation de grains donneront un privilége au profit des communes responsables envers la banque. Les maires ou les délégués des conseils municipaux surveilleront le versement du prix des grains vendus, après la levée de la consignation.

VI. Des billets de la banque.

32. L'émission des billets de la banque ne pourra dépasser 500,000,000 de francs.

33. Les coupures des billets seront de 1,000, 500, 200, 100 et 25 francs.

34. Les billets de la banque seront reçus dans toutes les caisses publiques; ceux de 1,000 et de 500 fr. ne seront payables à vue qu'aux caisses des directions départementales.

35. Les fabricateurs de faux billets et les falsificateurs seront considérés comme faux monnayeurs, poursuivis, jugés et punis comme tels.

VII. Dispositions générales.

36. Aucune opposition ne sera admise sur les fonds en compte courant.

37. Il pourra être fait un abonnement annuel avec les administrations du timbre et de la poste aux lettres.

38. Un conseil de crédit sera composé, dans chaque canton, 1° du juge de paix, président; 2° du greffier; 3° d'un notaire; 4° des maires des communes, assistés d'un conseiller municipal et délégué par le conseil. Ce conseil donnera tous les renseignements sur les emprunteurs de la circonscription, et évaluera les sommes qui pourront être prêtées, ainsi que les garanties offertes pour sûreté des prêts. Une table de crédit sera dressée par les soins de la banque et revisée chaque année.

39. Toute fausse déclaration de l'emprunteur, relative à sa destination et à l'emploi agricole de l'emprunt, à sa propriété mobilière, à ses récoltes, à leur détournement, soit du gage, soit de toute consignation, le rendra stellionataire, coupable de manœuvres frauduleuses et passible des peines encourues suivant les dispositions légales.

40. La banque aura des agents spéciaux dans tous les départements et arrondissements, aux chefs-lieux. Les directeurs de département centraliseront les écritures de tout le ressort.

41. Les fonds provenant des ventes de grains mis en réserve, après la levée de la consignation, sur des marchés dépourvus d'agents de la banque, pourront être versés, à la diligence des maires, dans la caisse du percepteur des contributions de la division, qui en fera la remise directe à la caisse du directeur ou sous-directeur de la banque. Ces versements ne donneront ouverture à aucune remise spéciale.

42. La banque publiera trois fois par mois, chaque dix jours, dans le *Moniteur*, un état de situation sommaire, exact et conforme à ses écritures.

VIII. Police intérieure.

43. Le conseil d'État connaîtra, sur le rapport du ministre de l'agriculture, des infractions aux lois et règlements qui régissent la banque, et des contestations relatives à la police intérieure.

44. Le conseil d'État prononcera définitivement sans recours, entre la banque et les membres du conseil général, contre ses agents et employés, toutes condamnations civiles, dommages et intérêts, et toutes destitutions et cessation de fonctions. Toutes les autres actions sont de la compétence des tribunaux ordinaires.

45. Les statuts de la banque seront soumis à l'approbation du chef du pouvoir exécutif, dans la forme des règlements d'administration publique.

§ XIV. — *Devoirs de l'agriculture.*

L'union fait la force.

Après l'émancipation générale de 1789, l'agriculture avait trop à faire pour songer à ses intérêts généraux; elle se renferma dans la pratique exclusive de son art, sans direction, sans règle, sans ensemble, et sans songer à acquérir, par aucun des membres qui composaient alors cette grande famille agricole, cette prépondérance naturelle et cette légitime influence qui seules peuvent lui assurer la protection active et éclairée du pouvoir. Entrée dans une ère nouvelle, insouciante comme la jeunesse, dégagée de tous les liens qui lui avaient paru si lourds, elle jouissait de la liberté d'exister sans dîmes, sans tailles et sans entraves, ne pensant qu'au présent qui lui souriait, au passé déjà loin d'elle, et ne s'inquiétant nullement de l'avenir.

Ignorée de tous et isolée au milieu de ses champs, notre pauvre agriculture resta longtemps étrangère à tout ce qui se passait autour d'elle, et avec l'augmentation de la population la production s'éleva progressivement; et de 1 milliard 500 millions de francs qu'était son produit, en 1700, sous Louis XIV, avec une population de 19 millions, elle s'éleva, en 1813, sous l'empire, à 3,356,000,000, la population étant de 30 millions, et, en 1840, à 6,022,160,000, et avec les animaux domestiques 7,500,000,000, la population étant de 33,540,000.

On voit quels rapides développements notre production a pris depuis 1813 surtout, elle a doublé en moins de trente années, temps de calme et de paix; c'est aussi depuis cette époque qu'on s'est plus occupé de notre grande industrie, que la grande propriété s'est rapprochée d'elle, et que des hommes éclairés se sont livrés à l'étude de cet art. Mathieu de Dombasle commença l'œuvre en 1820 et posa les bases de ses développements ultérieurs en fondant Roville. Honneur à lui, il fut le régénérateur de notre agriculture. Depuis lors, et dans ces derniers temps, la science même a consacré une partie de ses travaux à toutes les améliorations qu'elle réclame, et l'institut de Versailles a été fondé peu après la création des fermes-écoles; on peut donc se rendre compte facilement de la situation de notre agriculture et de l'avenir qui lui est réservé.

Mais malgré ces grandes, ces immenses améliorations, principalement dans le nord et l'est et une partie du midi de notre territoire, notre personnel agricole est resté à peu près ce qu'il était; dans plus de la moitié de nos départements, rien n'a changé pour lui, et, s'il y a quelque amélioration dans son existence matérielle sur un certain nombre de points, sa position générale est restée la même, la production est encore médiocre et la population misérable.

Pour donner une grande impulsion générale aux améliorations sur toute la surface du pays, même dans les contrées riches et productives, qui ont encore des pas à faire sur la voie qu'elles suivent, et pour faire pénétrer le progrès partout ailleurs, l'unique moyen est de faciliter la circulation des capitaux qui sont indispensables à tous les producteurs comme à toutes les contrées; pour atteindre ce but, il faut nécessairement obtenir l'organisation du crédit agricole, car point de capitaux, point d'améliorations. Nous avons démontré précédemment l'intime corrélation qui existe entre ces deux termes de la question; reste donc la marche à suivre pour y arriver sûrement et rapidement.

Si nous restons dans cette inertie qui perpétue les souffrances de l'agriculture, si semblables aux apathiques Orientaux qui restent spectateurs immobiles des ravages d'un incendie qu'ils attribuent à la fatalité, en attendant stoïquement que le ciel fixe la limite du fléau destructeur, sans aucun doute nous souffrirons longtemps; encore mais notre naturel actif et intelligent se révolte à l'aspect d'un désastre; chez nous tout le monde court, vole et réunit de communs efforts pour combattre un fléau menaçant, et le plus souvent l'emploi des moyens spéciaux triomphe de tous les obstacles et parvient à maîtriser le plus épouvantable fléau : ainsi nous devons faire pour combattre les maux qui affligent l'agriculture.

Les cultivateurs français répartis et isolés sur l'immense

surface du territoire national ont cru, jusqu'ici, que leurs souffrances et celles de leurs voisins de la même contrée n'étaient pas générales; mais l'enquête agricole et industrielle faite en 1848, dont les procès-verbaux cantonaux viennent enfin de voir le jour, ont révélé la plus triste situation de tout le personnel agricole, et un long cri de détresse répété d'un bout de la France à l'autre est venu retentir au pied de la tribune législative et frapper les oreilles des dépositaires du pouvoir et des législateurs. Dans des circonstances si graves et si solennelles, les devoirs de l'agriculture sont tracés aussi bien que ceux des administrateurs et de tous les membres de la société (1).

Si tous les cultivateurs qui ont besoin d'être aidés de la puissance du crédit s'entendent et se réunissent, sans aucun doute l'organisation du crédit agricole ne se fera pas attendre, leurs vœux seront entendus, tandis que leurs voix isolées resteraient sans écho; depuis si longtemps dans la gêne et dans l'impuissance d'atteindre les améliorations, parce qu'ils n'étaient pas unis et secourus, ils reconnaîtront aujourd'hui la nécessité de marcher ensemble dans un intérêt commun vers le même but. Ils auront pour drapeau l'organisation du crédit agricole, pour mot de ralliement l'établissement de la banque nationale de l'agriculture. Que cette grande institution, qui assurera la prospérité de l'agriculture et du pays, soit constamment l'objet de toutes leurs démarches, le but de tous leurs efforts; qu'elle soit la condition formelle de toute élection à la commune, au conseil général et à l'assemblée nationale; que dans nos 35,000 communes rurales des pétitions conformes soient couvertes des signatures de tous ceux qui appartiennent à

(1) Rapport de M. Lefèvre-Durullé à l'assemblée nationale, séance du 31 janvier 1851.

l'industrie agricole, et qui veulent sa prospérité en même temps que la fortune de la France. Aidons-nous, le ciel nous aidera.

Cette mesure générale est, pour les cultivateurs, de la plus rigoureuse obligation ; c'est pour eux un devoir qu'aucune considération ne peut leur permettre d'enfreindre, parce que non-seulement l'avenir du pays en dépend, aussi bien que celui de l'agriculture, mais encore le bien de tous nos confrères qui souffrent. Nous devons tous être bien pénétrés de l'importance de cette mesure et du but que nous avons à atteindre ; c'est une grande et belle mission que nous avons à remplir : il faut que la lumière pénètre dans tous les esprits, et que tous les hommes sérieux et dévoués au bien public nous viennent en aide, l'agriculture obtiendra ce qui lui est dû. Que tous les cultivateurs et leurs amis, à quelque titre que ce soit, fassent partie de la grande société nationale pour l'organisation du crédit agricole, bientôt le plus éclatant succès sera le prix de nos efforts.

Le moment arrivera bientôt de recourir à ce moyen légal, lorsque ce projet d'organisation, présenté à l'examen de tous, aura reçu les améliorations qui seront signalées par tous les hommes spéciaux qui voudront y concourir.

§ XV. — *Critique et objections. — Réfutations.*

Nous serions arrivé au terme de la carrière que nous nous sommes tracée, si nous ne trouvions pas utile de répondre à l'avance à quelques objections qui pourraient être faites par un certain nombre de personnes qui ne possèdent pas des notions assez étendues sur notre agriculture et son personnel dans tous nos départements.

I. Le privilége accordé à la banque sur les récoltes des défrichements et les produits des améliorations pour garantie de ses avances a soulevé quelques objections; on a dit que cette disposition nuirait aux droits des propriétaires, et que, par conséquent, elle ne pourrait être accordée à leur préjudice.

Nous contestons formellement cette assertion, et nions complétement les conséquences qu'on veut en tirer; il nous sera facile de justifier notre opinion.

Suivant les dispositions précitées de l'art. 2102 du code civil, les sommes dues pour semences et pour les frais de la récolte de l'année sont payées sur le prix de cette récolte par préférence au propriétaire. Cette disposition est de toute justice, puisque, sans semences, point de récolte, tout comme, sans les frais faits pour obtenir cette récolte, ce produit de la terre et du travail n'aurait pu être créé; le propriétaire ne peut donc exercer son droit que sur l'excédant de valeur de ces produits, prélèvement opéré du montant de ces frais créateurs.

Nous n'en demandons pas davantage : c'est à l'application des dispositions de cette loi juste et équitable que nous demandons le privilége qu'elle assure; ce sont ses propres termes dont nous faisons usage. Avant les travaux de défrichement, les terres ne donnaient aucun produit, aucune récolte, pour ainsi dire; les travaux ont occasionné des frais auxquels est due une magnifique récolte, et même cette terre improductive a été élevée à un degré de fécondité tel que sa valeur primitive a été triplée. C'est donc un produit et une valeur foncière acquis par les travaux effectués au moyen des avances de la banque; ces produits doivent servir de garantie, aussi bien que la mieux-value obtenue, ainsi que le décide par analogie l'art. 2103 du même code; mais les formalités mentionnées dans ce dernier article sont inutiles pour les avances de la banque; elles sont suffisamment justifiées par l'acte de prêt, la promesse de l'emploi spécial et la déclaration préalable.

Loin de nuire au propriétaire, les avances faites ont assuré une plus haute valeur à son immeuble et l'ont rendu susceptible de produire des revenus plus élevés sur lesquels il aura un droit exclusif après le payement des frais nécessités par cette amélioration; la société y gagne par une production nouvelle obtenue, le propriétaire y gagne par une valeur du fonds et un revenu annuel supérieurs, et l'exploitant y gagne encore par une augmentation de ses récoltes sur une terre inculte et improductive.

Les mêmes motifs et la même décision sont applicables aux améliorations spéciales et aux avances pour complément du capital de roulement. Sans les unes et les autres, l'exploitation resterait en souffrance et ne pourrait obtenir la production assurée à des travaux spéciaux; la société, la propriété et l'exploitant y trouvent des avantages dus à l'action de la banque, sans laquelle tout restait frappé d'atonie et d'impuissance; la banque a donc un droit incontestable sur les produits qu'elle a contribué à créer, et à la reconnaissance du propriétaire et de l'exploitant pour le service signalé qu'elle leur a rendu.

Nous croyons utile d'étendre le privilége de la banque à trois années, parce que la première est consacrée aux travaux, la seconde à une première récolte qui n'est pas toujours à l'abri de quelques chances de diminution, soit par l'effet de quelque intempérie, soit par le ravage des hommes ou des animaux; elle peut aussi supporter l'exercice d'un privilége pour le prix des semences, pour les frais de moisson; l'excédant pourra servir à indemniser l'exploitant de son travail et de ses soins, et lui fournir le moyen de poursuivre son œuvre d'amélioration sur de nouveaux terrains. C'est ainsi que peut naître l'émulation, ce puissant stimulant dont la banque développe les germes de toutes parts. La troisième année peut alors présenter un gage plus assuré, plus libre pour les droits de la banque créancière, et un acquittement moins lourd pour l'exploitant, qui, au surplus, pourrait encore disposer intégralement de ses produits pour continuer ses améliorations, si la banque a quelques motifs de le trouver convenable et utile, puisque la plus-value de l'immeuble donnera, en définitive, une sûreté suffisante pour le remboursement, sans nuire aucunement au propriétaire, puisque les moyens de son fermier s'accroissent et que son sol acquiert aussi une valeur dont il était privé; ce qu'au surplus le propriétaire aurait pu prévenir, puisqu'il était libre de faire lui-même l'avance que la banque a dû faire à son défaut, dans l'intérêt public, pour obtenir des produits nécessaires à l'alimentation générale et donner une valeur à des terrains incultes et improductifs.

II. Pour colorer en quelque sorte l'ajournement indéfini de l'organisation du crédit indispensable à l'agriculture, à la propriété foncière et à la prospérité du pays, on a cherché à le motiver sur l'impossibilité du remboursement, à jour fixe et peu éloigné, des sommes qui lui seraient confiées, et prétendu que ce long terme formait un obstacle insurmontable à l'établissement de tout crédit par l'intermédiaire d'un établissement public et spécial.

Il semblerait résulter de cette objection une preuve de l'impuissance radicale de l'agriculture à restituer les prêts qui pourraient lui être faits; mais, s'il en était ainsi, nous n'y verrions nous, au contraire, qu'une preuve de plus de ses anciennes et nombreuses souffrances, et ce serait pour nous un motif encore plus impérieux de lui venir en aide; car, à notre avis, il y aurait absurdité et folie d'attendre la ruine entière et complète de l'agriculture pour chercher un moyen de l'arrêter, et, lorsqu'il s'agit de la masse presque entière des cultivateurs, des producteurs de la matière première destinée à l'alimentation générale, dans plus de la moitié de nos départements et dans un grand nombre d'autres de la seconde moitié, ce n'est pas d'un minime intérêt pour la société qu'il s'agit.

Mais d'abord cette fin de non-recevoir n'est aucunement justifiée par les faits, cette prétendue impuissance peut être attribuée avec vérité et raison au crédit foncier, qui est toujours confondu, bien à tort, avec le crédit agricole, comme nous l'avons déjà démontré; le premier peut absorber des sommes considérables, il est vrai, sans pouvoir les restituer, si ce n'est au bout d'un long terme, par un amortissement annuel ou par la vente des immeubles auxquels s'incorporent la plupart des améliorations; mais, quant au crédit agricole, c'est tout le contraire, il ne s'agit d'avances, à son égard, que dans la limite des facultés particulières de chacun des emprunteurs, que pour suppléer à l'insuffisance du capital circulant, dont la fonction spéciale et nécessaire est de pourvoir aux divers services qui doivent concourir, chaque année, à la reproduction de leur quotité (outre le bénéfice qui doit les accroître), pour imprimer une action nouvelle aux travaux d'une nouvelle récolte, et, comme ces avances seront toujours proportionnées à l'importance relative de leur but, il ne pourra en résulter un défaut de remboursement, dans toutes les circonstances ordinaires et habituelles.

D'un autre côté, le remboursement à court terme n'est

aucunement de rigueur, car les placements de capitaux ne se font pas généralement ainsi ; bien au contraire, tous ceux faits au crédit foncier sont à longues années, et nous avons dit qu'il s'agissait, pour celui-ci, de 11 milliards ; c'est déjà quelque chose ; ceux dans les fonds publics s'élevant à 7,500,000,000 de francs ; les chemins de fer de 775,000,000 de francs, pour les compagnies seulement ; les bons du trésor, le haut commerce, les commandites, tous ces placements sont à termes plus ou moins éloignés : donc on peut prêter à l'industrie agricole, comme à toutes les autres industries, lorsqu'il ne s'agit pas de valeurs circulantes à très-courts termes ; l'objection dont nous nous occupons n'est donc pas fondée.

D'ailleurs il ne faut pas confondre les opérations d'une banque de l'agriculture avec les opérations d'escompte des banques purement commerciales ; il n'y a rien de semblable, et même tous les prêts faits par les banquiers ne sont pas à courts termes, et ce sont précisément les plus importants, comme tous ceux faits aux banquiers eux-mêmes sont presque toujours à longues échéances.

On prend donc ici l'effet pour la cause, et comme l'industrie commerciale n'inspire pas une confiance entière, mais au contraire fort limitée et très-précaire, on restreint la durée du crédit, on opère à courts termes pour diminuer les risques. Il en est tout autrement dans l'industrie agricole, les prêts qui lui sont faits peuvent et doivent même avoir lieu à plus longs termes, sans aucune espèce d'inconvénients, et les capitalistes, y trouvant une plus grande sécurité, seront débarrassés des soins, si souvent renouvelés, des replacements et de toutes les inquiétudes qui en sont inséparables.

III. On a parlé des craintes qui pourraient naître des

inconvénients attachés à l'émission et à la circulation des billets de banque; nous ne pouvons parvenir à saisir la portée de cette objection, et nous n'avons jamais entendu reprocher de tels griefs aux émissions multipliées, à la circulation accélérée des innombrables valeurs commerciales qui, sur la seule place de Paris, dépassent, chaque année, plusieurs milliards. Près de ces capitaux si considérables que remuent le commerce et l'industrie manufacturière, les capitaux confiés à l'agriculture ne sont que des infiniment petits, dégagés encore des plus grands inconvénients qui peuvent être reprochés aux autres avec justice et raison.

Quant aux craintes qui peuvent naître sur l'existence même des billets de banque, nous y avons déjà répondu; il n'y a pas d'assurance possible contre la crainte irréfléchie des esprits timorés. Si toutes les craintes de l'incendie des immeubles étaient écoutées, nous ne bâtirions pas de maisons, et nous serions obligés de vivre au milieu des bois; mais nous sommes convaincu que tous ceux qui manifestent des craintes semblables sont confortablement logés, dans de magnifiques demeures où ils dorment tranquillement sans crainte du feu, assurés par une compagnie d'assurance et l'active surveillance de la police et des pompiers.

IV. On a prétendu que le soin de mettre les exploitants en situation d'opérer dans de bonnes conditions devrait regarder les propriétaires; qu'ils étaient intéressés à aider les exploitants; que c'était une charge de la propriété d'accord avec ses intérêts. Cette opinion serait applicable à la grande propriété, qui, chez nous, est une exception; mais elle manque de base dans la plupart des cas, puisque la presque totalité des possesseurs du sol appartient à la petite et à la moyenne propriété. D'ailleurs la gêne permanente de notre population agricole prouve évidemment, comme nous l'avons vu, qu'elle n'est pas aidée et qu'elle ne peut l'être efficacement en la laissant livrée à ses propres ressources partout insuffisantes. Nous avons démontré ailleurs quel immense intérêt est attaché à ces améliorations sur tous les rapports généraux avec la société entière et avec toutes nos industries; c'est par ces motifs que nous proposons la création d'un établissement destiné à combler cette lacune et à élever notre agriculture au même rang que celui de toutes les industries en possession depuis longtemps des établissements de crédit, indispensables à leur prospérité.

V. Une autre opinion a été manifestée, c'est que, dans l'état actuel de l'industrie agricole en France, confier des capitaux aux exploitants serait le plus souvent s'exposer à un mauvais emploi et faire une spéculation ruineuse. Nous serions de cet avis, au moins en partie, s'il s'agissait de faire de fortes avances, sans poids ni mesure, pour forcer les cultivateurs à entreprendre des travaux inconnus, des améliorations incomprises; mais il ne s'agit de rien de semblable; nous indiquons l'emploi spécial des avances que nous avons en vue; par leur nature et leur quotité, elles seront toujours trop minimes, trop insuffisantes pour dépasser les plus simples, les plus urgentes, les plus faciles améliorations, et nos cultivateurs seraient incapables de les réaliser? Mais ne sont-ils pas les producteurs de ce revenu brut annuel de 7 milliards 500 millions de francs dont la France doit être fière? et ce n'est pas sérieusement qu'on peut les croire impuissants à élever encore notre production, puisqu'elle a doublé depuis trente ans.

Les avances de la banque ne seront qu'un à-compte très-faible sur le capital de roulement indispensable, et qui, dans la plupart des cas, fait entièrement défaut à nos cultivateurs; elles seront seulement le point de départ du crédit accordé à l'agriculture. C'est à l'aide de ce crédit qu'il sera seulement possible d'entrer dans la voie des améliorations générales. C'est en posant ainsi la première pierre de la fondation de cette grande institution qu'il sera permis d'espérer; car il ne faut pas perdre de vue la position réelle de nos cultivateurs privés de toute espèce de moyens pour sortir de l'ornière dans laquelle ils se traînent depuis si longtemps. On parle bien d'instruction, d'amélioration; mais de procurer les moyens pécuniaires indispensables pour être à même d'en profiter, il n'en est jamais question. Que peuvent faire à tous nos cultivateurs de beaux discours, d'excellentes méthodes et tous les enseignements d'une pratique raisonnée ou les meilleures découvertes de la science? Rien de tout cela ne peut être à leur portée; car, avant tout, il faut leur assurer au moins les moyens d'obtenir une partie du nécessaire qui leur manque, il faut les soustraire à l'usure qui les dévore sous différentes formes, à raison de l'absence du capital d'exploitation : car c'est là malheureusement la plaie qui afflige nos travailleurs et qui les retient forcément, irrésistiblement dans la routine qu'on leur reproche avec tant de raison et dont ils souffrent plus que personne. Mais c'est bien vainement qu'on leur dira : faites des prairies artificielles, cultivez des racines et des tubercules, employez de meilleurs instruments, changez votre assolement ou votre système de culture, irriguez, défrichez, drainez. Si vous n'ajoutez pas le capital rigoureusement exigé pour solder le prix des semences, des instruments et des travaux nécessités par une culture nouvelle ou pour une amélioration quelconque, la meilleure volonté ne suffira jamais avec une bourse vide. Que ceux qui nient les bons effets du crédit agricole visitent nos fermes et nos métairies, pour connaître la vraie situation de notre agriculture et l'importance du capital d'exploitation dont nous parlons ; à peu d'exceptions près, ils trouveront partout les mêmes besoins : capital d'exploitation insuffisant, instruction spéciale bornée à la routine, production médiocre, jamais l'un sans l'autre. Ils connaîtront alors le degré d'abnégation de nos travailleurs, leurs efforts, leurs privations, leurs souffrances, et l'impossibilité dans laquelle ils se trouvent d'approcher, même de loin, de tout ce qu'on appelle progrès, amélioration ; mais ils sauront aussi tout ce que peuvent être capables d'entreprendre ces hommes si précieux avec une partie seulement des moyens nécessaires dont ils sont privés. Tout ce que nous venons de dire repose sur des faits inattaquables, et cela est tellement vrai, que, si tous nos ministres de l'agriculture, avant de recevoir leurs portefeuilles, eussent été obligés de passer quelques heures, pour tout noviciat, sous le pauvre toit de quelques-unes de nos métairies et de nos fermes, nous sommes certain qu'il en serait résulté les plus grandes améliorations que nous attendons encore, et que la première mesure qui aurait été prise, le premier projet de loi qui aurait été présenté à nos législateurs, aurait porté pour titre *Organisation du crédit agricole*, et nous sommes assuré qu'il aurait été voté à l'unanimité, car les arguments les plus irréfutables n'auraient pas manqué.

Mais laissons à la critique le champ libre pour attaquer le projet que nous soumettons à l'examen public de tous les hommes compétents ; nous répondrons à toutes les objections sérieuses qui pourront être faites, lorsqu'elles nous parviendront par la voie de la presse ou autrement.

XVI. — *Simple requête adressée aux propriétaires et aux capitalistes par l'agriculture française.*

Pour peindre d'un seul trait les motifs qui nous ont animé dans cette publication, les vœux que nous formons, le but que nous voudrions atteindre et pour la poursuite duquel notre zèle ne défaillira pas, nous formulons une requête adressée à tous les amis du progrès de l'agriculture, que nous adjurons de joindre leurs efforts aux nôtres pour faire jaillir la lumière d'une faible étincelle, qui sans eux resterait inaperçue, et qui par leur concours peut assurer la prospérité et le plus brillant avenir du pays.

Simple requête

A MM. les capitalistes et propriétaires de la somme de 350 millions de francs, entièrement improductive et sans emploi dans les caisses de la banque de France.

Par

La pauvre agriculture française, n'ayant aucune espèce de crédit, quoique produisant annuellement une valeur moyenne de 7,500,000,000 de francs offerts pour garantie d'un prêt de 500,000,000 de francs en billets de banque, avec intérêt au taux de 4 pour 100.

Pour

La fondation du crédit agricole et l'établissement de la banque nationale de l'agriculture française, au capital de 100,000,000 de francs en espèces, représenté par 100,000 actions de 1,000 fr. devant produire 5 pour 100 d'intérêt aux actionnaires, outre des dividendes, avec des garanties supérieures à toute espèce de placements de capitaux dans les industries commerciales et manufacturières.

Dans le but

D'affranchir le pays du tribut annuel de 250 millions de francs payé à l'étranger pour importation de produits agricoles, d'assurer l'alimentation générale en toutes circonstances, de procurer un travail assuré et lucratif aux bras sans emploi qui désertent les champs pour encombrer les villes, de rendre à l'industrie commerciale l'activité et la richesse à l'aide de notre seul marché intérieur, de répandre l'aisance et la prospérité sur toute la surface de notre belle France, et d'assurer la tranquillité publique.

Par un cultivateur

Au nom de quatre millions de ses confrères, chefs de famille, dont il garantit la ratification et qu'il s'engage à obtenir immédiatement après la publication du présent manifeste par tous les organes périodiques de la pensée.

XVII. — *Résumé.*

La France, placée sous le plus heureux climat, avec une population active et intelligente de trente-six millions, compte vingt-cinq millions d'individus attachés à la vie rurale; elle est donc essentiellement agricole.

Sa superficie cultivable, de 250 millions d'hectares, est évaluée à un capital de 92,000,000,000 de francs, mines et maisons comprises; la propriété rurale seule figure, dans ce capital, pour 78,500,000,000 de francs.

Sur un revenu public de 1,600 millions, la propriété

foncière paye à l'État une somme de 850 millions ou 53 pour 100 (1).

Pour que cette lourde charge annuelle, pesant principalement sur la propriété rurale, soit supportée sans nuire à la production, il faut, dans un Etat bien organisé, que les lois, les capitaux, les institutions concourent au développement de cette grande source de la fortune publique; mais, en étudiant de près les moyens de direction, de conservation et de surveillance de cette plus importante partie de nos richesses nationales, on est frappé de surprise et d'admiration de voir la grande famille agricole se mouvoir sans règle, sans soutien, sans crédit, abandonnée à elle-même et à ses instincts laborieux, pour produire annuellement une valeur dépassant 7,500,000,000 de francs, pendant que toutes les autres industries, dotées de tous les établissements spéciaux de protection et de crédit, produisent seulement une valeur de 4,500,000,000 de francs.

En remontant le cours des ans et poussant l'investigation sur tout ce qui caractérise la situation de l'agriculture d'une part, et de l'autre celle des industries commerciales et manufacturières, on remarque que jusqu'ici la sollicitude, la protection active, les grandes dépenses, les efforts des administrations qui se sont succédé ont été concentrés sur le développement des industries manufacturières, au point de modifier les occupations, les aptitudes et la vocation des populations, pendant que l'agriculture restait

(1) D'Audiffret. Contributions directes. . 426,000,000 } Enregistrement. . . . . 208,000,000 } Part dans les autres impôts. . . . . 216,000,000 } 850,000,000.

en dehors du mouvement progressif, négligée, inaperçue, incomprise.

L'industrie manufacturière, surexcitée par d'abondants capitaux concentrés dans les villes, sous les yeux des capitalistes, et dirigée par des hommes intelligents, instruits, riches et influents, ayant attiré à elle une partie de la population rurale par des salaires plus élevés, s'est vue très-souvent encombrée de bras inoccupés que la gène des cultivateurs, privés de capitaux suffisants, ne leur permettait pas de retenir aux champs; mais la situation misérable de la majeure partie des travailleurs agricoles, s'opposant à une active consommation des produits manufacturés, a réduit considérablement l'importance de notre grand marché intérieur de cet immense débouché naturel, pendant que la production agricole, insuffisante, en certains cas, pour tous les besoins de l'alimentation générale, occasionne tantôt des chertés périodiques de grains, tantôt l'avilissement des prix, par suite de la consommation, devenue insuffisante, d'une population souffrante, en même temps que d'autres besoins nécessitent une importation annuelle de produits agricoles étrangers pour une valeur moyenne de 250,000,000 de francs.

Ainsi nous voyons à la fois un défaut de production agricole, un avilissement des prix de ces produits, et cependant une importation considérable de produits étrangers Quelle anomalie! que de fautes!!!

Cette comparaison de la situation agricole et industrielle du pays met à découvert la véritable cause de ses souffrances, due évidemment à l'abandon de l'agriculture, à la négligence des moyens propres à stimuler sa population, au défaut de capitaux qui paralyse les efforts des cultivateurs, entraîne la diminution des produits du sol en augmentant les frais généraux de production, et cause tout à la fois la misère des producteurs, la gêne des propriétaires et celle des consommateurs.

Cette situation désastreuse du pays a causé déjà de grands maux et en entraînera chaque jour de plus grands, s'il n'est pris promptement les mesures énergiques pour y porter remède.

La stagnation générale des affaires commerciales et industrielles, et l'exportation continuelle du numéraire sans compensation suffisante, arrêtent la circulation, pendant que l'agriculture, jusqu'ici privée des capitaux qui lui sont indispensables, voit sa ruine avancer à grands pas.

Une seule mesure aura le pouvoir d'arrêter le mal dans sa source,

De rétablir la circulation des capitaux,

D'activer les relations générales en tous genres,

De stimuler la production agricole,

D'augmenter la consommation générale,

De réduire d'abord et de finir ensuite par supprimer l'importation étrangère,

De niveler la proportion des importations sur l'exportation,

De vivifier l'industrie commerciale et manufacturière,

De répandre partout l'aisance et le bien-être,

Et d'assurer la tranquillité et la prospérité du pays.

Cette mesure est l'organisation du crédit agricole, l'établissement de la banque de l'agriculture.

Les développements dans lesquels nous sommes entré justifient de la manière la plus complète la facilité d'exécution et les immenses avantages qui seront recueillis au moyen de cette grande institution; cette opinion, professée par beaucoup d'hommes intelligents et éclairés, repose sur des faits incontestables ; cependant, lorsqu'il s'agit d'une grande amélioration, fût-elle parfaite, il suffit qu'elle soit nouvelle pour qu'elle ait contre elle tous ceux qui ne possèdent aucune instruction spéciale, et le nombre en est grand, surtout en agriculture : ceux qui trouvent que tout est pour le mieux, parce qu'ils n'ont besoin de rien ; les sourds qui ne veulent pas entendre, même le long cri de détresse poussé par la grande voix de vingt-cinq millions de travailleurs ruraux. Si les hommes privés d'instruction spéciale, ceux favorisés des dons de la fortune et atteints d'égoïsme, et les sourds frappés d'une maladie systématique, qui les uns et les autres ne veulent rien comprendre, rien voir, rien entendre ; si ces hommes, qui s'élèvent souvent contre tout progrès, toute amélioration en criant au novateur, à l'utopiste, abjurant d'anciens préjugés et de vieilles erreurs qui nous ont déjà causé tant de maux, peuvent enfin présenter un autre remède doué du miraculeux pouvoir d'opérer une guérison si ardemment désirée, nous serons le premier à l'accueillir comme un bienfait et à poursuivre son application, car nous souffrons depuis longtemps avec tout le personnel agricole ; mais s'ils ne veulent aucune amélioration, et bien au contraire, s'ils entendent perpétuer les souffrances du pays, nous n'avons plus rien à répondre, nous devons passer outre et poursuivre notre œuvre, en réclamant l'appui de tous les hommes véritablement soucieux du bien public.

Si nous accordons une si haute importance à l'agriculture et aux résultats qui peuvent être obtenus par son amélioration, c'est parce que cette industrie est tout ce qu'il y a de plus considérable parmi toutes nos industries ; c'est que, seule, elle renferme tout à la fois, la force, la richesse et la puissance du pays ; c'est parce que, étant convenablement dirigée, elle pourrait rendre notre belle France la plus riche, la plus puissante, et sans égale parmi toutes les nations du monde, comme elle est, sous beaucoup de rapports, le centre des arts, des sciences et de la civilisation moderne.

On disait jadis que la France périrait faute de bois, parce qu'on n'avait pas encore exploité ses mines de houille et qu'on ne s'inquiétait pas de reboiser ses coteaux dénudés; aujourd'hui ces mines de houille sont une de nos richesses, et il en sera de même de nos bruyères à défricher, de nos terres incultes à féconder et de nos cultures à améliorer; mais la France souffrira longtemps encore, si son agriculture est toujours méconnue, délaissée, sa puissance productive négligée, et ses travailleurs, par cette raison, forcés de déserter les champs, qui ne leur offrent que souffrances et privations. Hâtons-nous donc de donner une impulsion libératrice au travail agricole; tout est prêt pour entrer dans cette grande voie, le sol et les bras attendent, il ne nous manque que des capitaux pour assurer une véritable prospérité. Vous le pouvez, propriétaires et capitalistes! en fournissant les fonds nécessaires pour vivifier le travail, et le rendre plus lucratif et suffisant pour la rétribution des bras inoccupés, moyen certain d'assurer l'ordre et la tranquillité. Vous le pouvez, législateurs! en faisant, pour les cultivateurs si longtemps oubliés, ce que vos devanciers ont fait jadis pour l'industrie et le commerce. Vous le pouvez aussi, ministres de la grande nation française! en organisant la banque de l'agriculture et ses directions dans tous nos départements, comme on a organisé la banque de France et ses comptoirs, et la France sauvée et reconnaissante transmettra vos noms illustres à la postérité la plus reculée.

TABLE DES MATIÈRES.

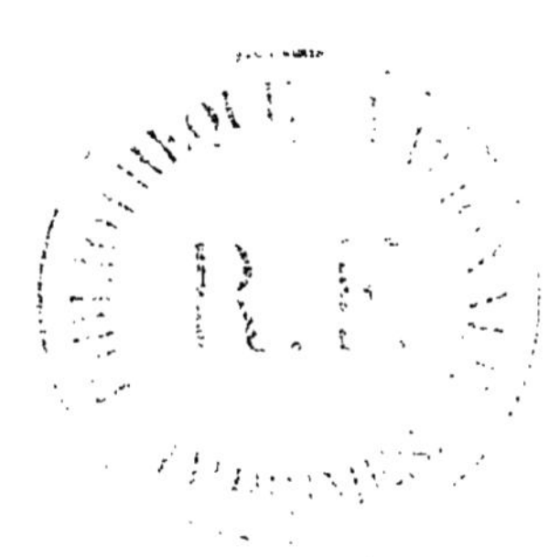

www.ingramcontent.com/pod-product-compliance
Ingram Content Group UK Ltd.
Pitfield, Milton Keynes, MK11 3LW, UK
UKHW012049240726
13965UKWH00003B/1160